"中华杯"国际服装设计大赛作品精选

男装设计表现技法

主编 朱达辉
组稿 中华国际服装设计大赛组委会
上海服装行业协会

受上海市重点学科建设项目资助 项目编号 B601

東華大學出版社

图书在版编目（CIP）数据

男装设计表现技法：中华杯国际服装设计大赛作品精选 / 朱达辉主编. -- 上海：东华大学出版社，2010.12

ISBN 978-7-81111-829-2

Ⅰ. ①男··· Ⅱ. ①朱··· Ⅲ. ①男性－服装－设计 Ⅳ. ①TS941.718

中国版本图书馆CIP数据核字(2010)第264939号

责任编辑：谭 英
封面设计：李 博
版式设计：Mayell 设计

中华杯国际服装设计大赛作品精选——男装设计表现技法
朱达辉 主编
东华大学出版社出版
上海市延安西路 1882 号
邮政编码：200051 电话：（021）62193056
新华书店上海发行所发行
杭州富春印务有限公司印刷
开本：889×1194 1/16 印张：7.5 字数：264 千字
2011 年 03 月第 1 版 2011 年 03 月第 1 次印刷
印数：0 001~4 000
ISBN 978-7-81111-829-2/TS·241
定价：49.00 元

编委会名单

序

为了提高服装设计水平，繁荣服装产业经济，近年来产生了各种服装设计大赛，其为设计师提供了一个广泛交流、切磋技艺的有利平台。这类比赛不仅可以进行学术的探讨、艺术的欣赏，在推动服装发展的同时又能选拔人才，为促进服装行业繁荣做出了显著的贡献。

“中华杯”国际服装设计大赛是一项国际性服装设计赛事，全球范围内征集作品，具有较强的影响力。此类大赛一般偏重于设计的艺术性和创新性，而文化特异性、个性和时尚性也是重要的评判参考因素。设计师把设计置于一个广泛的范围内进行构想，使作品有更加深远的意义。在过去的十五届比赛中，参赛者来自很多国家，众多的参赛者参加，不乏有很多优秀的作品呈现。现将这些优秀的作品汇编成书，以便更多的读者学习与借鉴。

创意型比赛服装的设计重点侧重于审美和创新，系列为主，单独制作，通过服装充分表现设计师的创意，并运用面料材质、图案、制作手法等来强调服装的表现效果。而这些首先要在效果图中得到充分的表达，所以服装表现技法尤为重要。效果图的好坏是决定参赛作品是否入围的关键。大赛效果图有其特殊的要求，既要充分表现款式的特征与创意特点，又要能体现设计者设计风格与艺术表现力。优秀的时装效果图具有主题作品的审美和耐人寻味的细节，并烘托出时装创意的氛围和情调。

此次由我院朱达辉老师编著的系列丛书共四本，分别为《女装设计表现技法》、《男装设计表现技法》、《童装设计表现技》和《内衣设计表现技法》。这套丛书正是从众多优秀参赛作品中精选而来，呈现了不同表现手法与表现风格。这种不同使得本丛书丰富多彩，增加了可看性。作者还对每一幅作品作了简洁而精辟的点评、正反面例证分析，总结了一些实用技法与理论，有利于读者的学习与理解。`

希望本系列书的出版，能给广大参赛者借鉴更好的表现技法，给热爱服装设计和正在学习服装设计的人士提供一个交流技艺的平台，希望大家从中都能够有所收益。

东华大学服装学院副院长、教授、博士生导师

刘晓刚

2010.3.20

图 001 作品名称：用晦而明 / 作者：陈懿文 / 技法：电脑辅助设计与着色

本作品主要借助电脑完成。作者刻意弱化人物造型及动态，着重服饰细节的表现，层次丰富，服装材质表现得较好。

图 002 作品名称：羁迷线形 / 作者：王凯宣、麦叶枚 / 技法：电脑辅助设计与着色

作者采用了简洁的色彩，便表现出了细致入微的纹样与细节，其关键在于很好地运用了线条，疏密有致，轻重得当，有效地表现出了服装的款式结构和面料质感，整体效果不错。

图 003 作品名称：城市的步调 / 作者：刘海剑 / 颜料与工具：钢笔 / 技法：勾线、电脑辅助着色

这是一幅比较写实的效果图，明暗关系处理得恰当，使面料的材质和肌理表现得更加逼真、细致。服装的廓形及细节刻画严谨，是一幅精心之作。

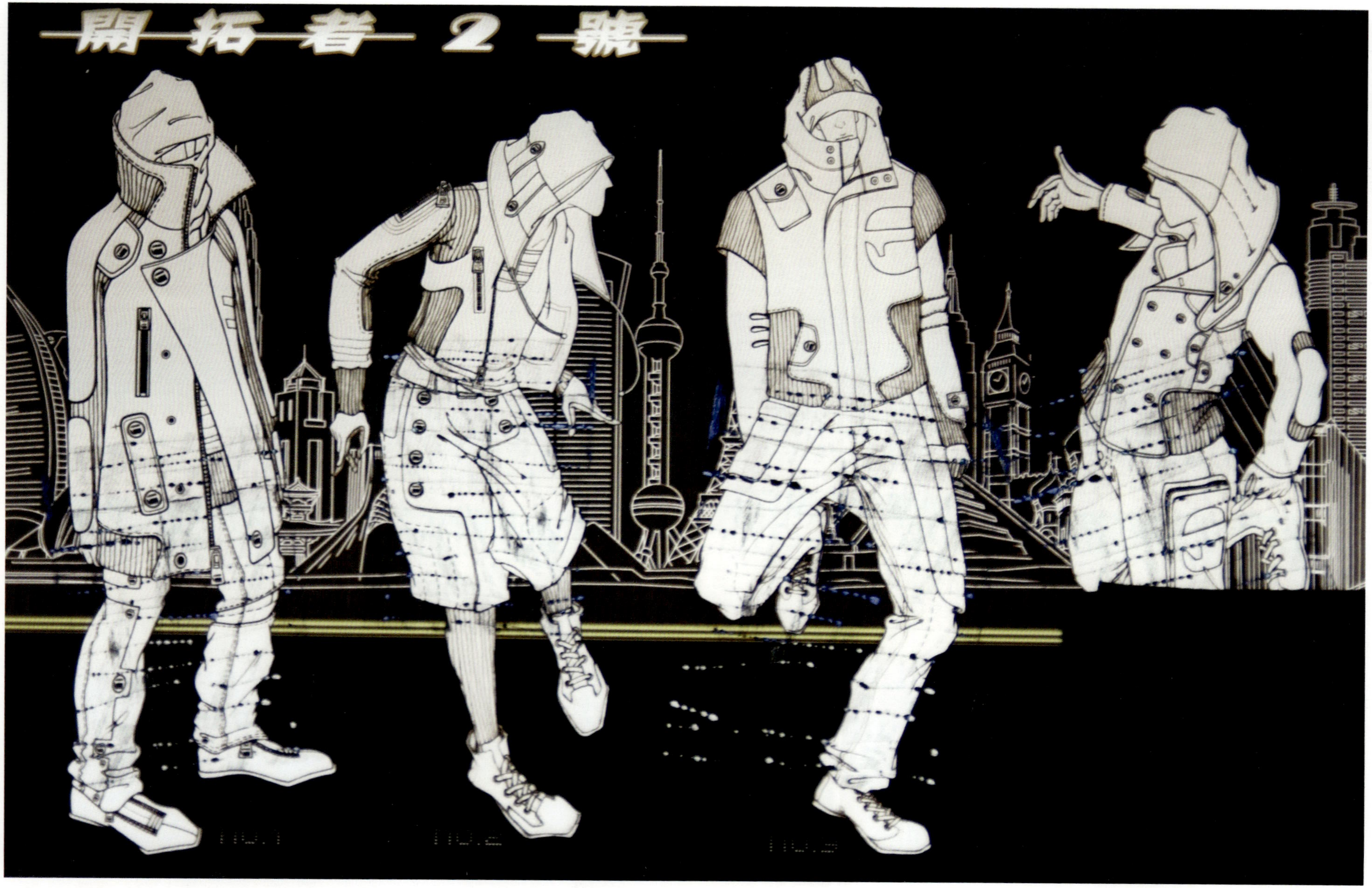

图 004 作品名称：开拓者 2 号 / 作者：李伊琼 / 颜料与工具：钢笔 / 技法：勾线、电脑辅助背景处理

本作品采用点、线、面相结合的技法，将服装的结构和细节表现得淋漓尽致；人物姿态准确而富于动感，笔触老练到位。

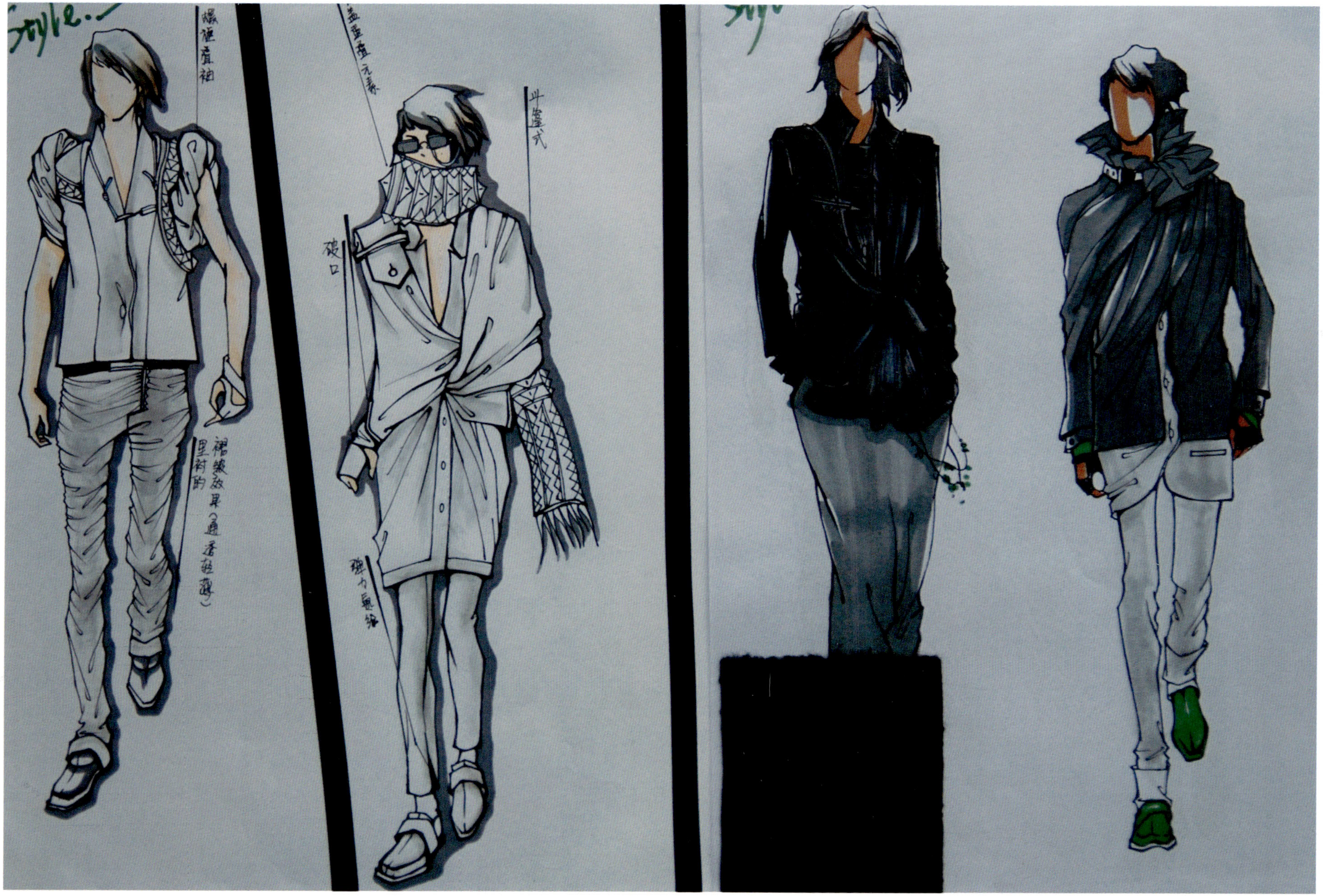

图 005 作品名称：正反“合”/ 作者：李鹭、成雍容 / 颜料与工具：马克笔、钢笔 / 技法：勾线、渲染

本作品用钢笔勾线来表现服装的结构和层次感，用马克笔着色来表现出皮肤的质感和服装的薄透感，笔触洗练流畅，再加上服装的丰富褶皱以及细节处的一抹绿色，给整体沉闷的色调增加了些许亮色和活力。

图 006 作品名称：前进 / 作者：秦澈 / 颜料与工具：水彩、马克笔、钢笔 / 技法：勾线、渲染

本作品用钢笔勾线，水彩着色。水彩表现面料的薄透感，而钢笔勾线刚劲有力，又着重表现了服装的挺括感。画面用色虽简单，却表现出了服装的丰富的层次和局部结构。

图 007 作品名称：欢聚——波兰国家馆的畅想 / 作者：史梦筠 / 颜料与工具：钢笔 / 技法：勾线、电脑辅助着色

本作品用电脑结合手绘完成。毛皮用水粉薄画法叠加的形式来表现，不同人的肤质用水彩来表现，细节和局部材质用电脑来处理，相得益彰，增添了服装的精致感。整体设计有亮点，但表现为追求处处到位，反而稍显拘泥。

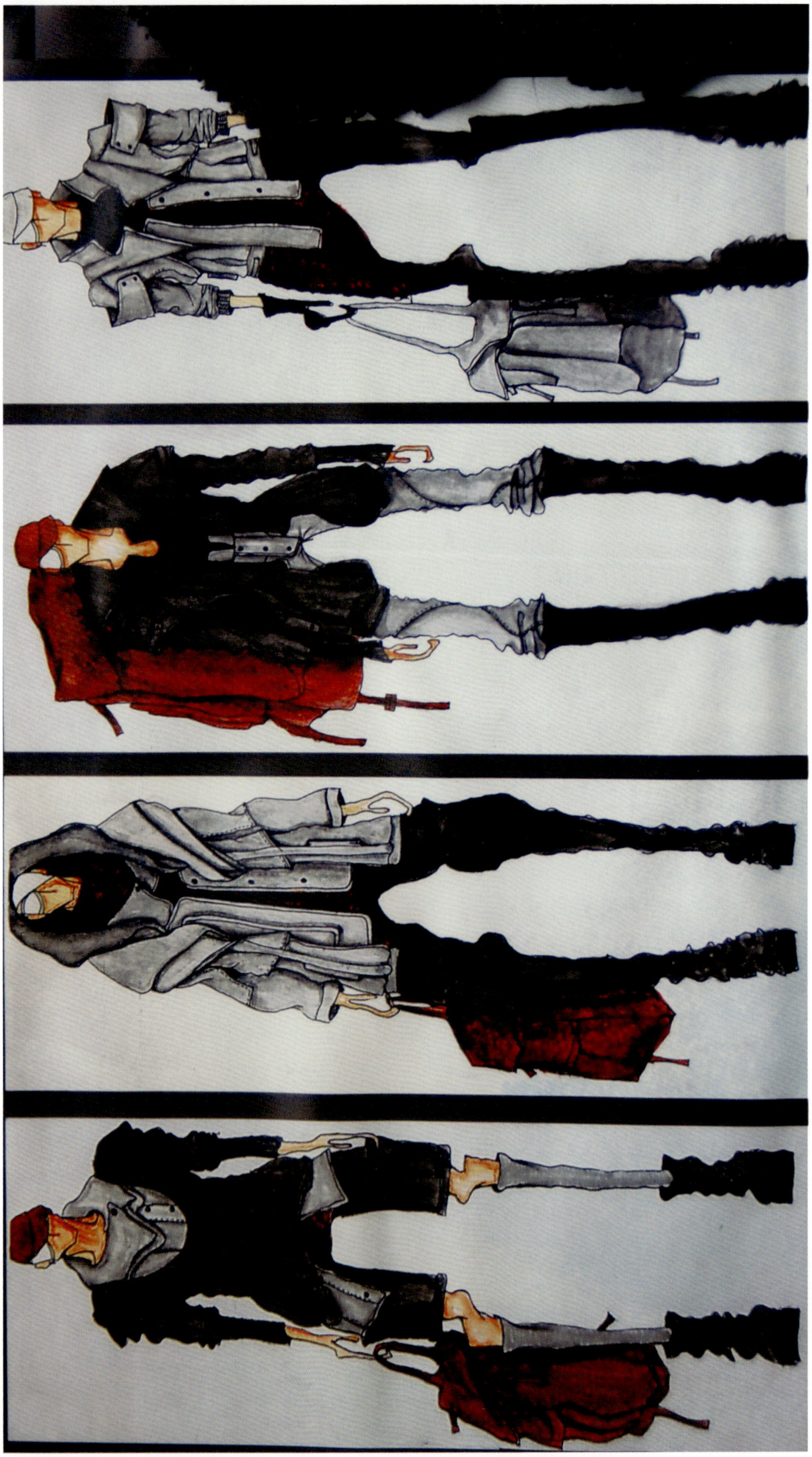

图 008 作品名称：扰动了商业街 / 作者：张凯 / 颜料与工具：水彩、马克笔、钢笔 / 技法：勾线、渲染

本作品用钢笔勾线，马克笔着色，人物动态夸张，造型特别，整幅画重点突出，红与黑对比强烈。肢体比例可以更加优化些，手等细部刻画不精，局部结构略显草率。

图 009 作品名称：半杯朗姆酒 / 作者：梁艳 / 技法：电脑辅助设计

本作品借助电脑完成，是一幅比较写实的作品。明暗关系处理得当，人物外轮廓的白线描画及服装色彩的简洁处理，更凸显了作品清新、自然、纯净的风格。

图 010 作品名称：放"心"的地方 / 作者：朱富祥、林清仪 / 颜料与工具：马克笔、钢笔 / 技法：勾线、渲染

本作品中彩铅刻画的复杂的线条很好地表现了服饰的材质；对比的多次运用，看似凌乱却又恰如其分，大气而不多余，体现了潇洒不羁的气质；夸张而冷峻的面部处理使作品更显"酷"劲。

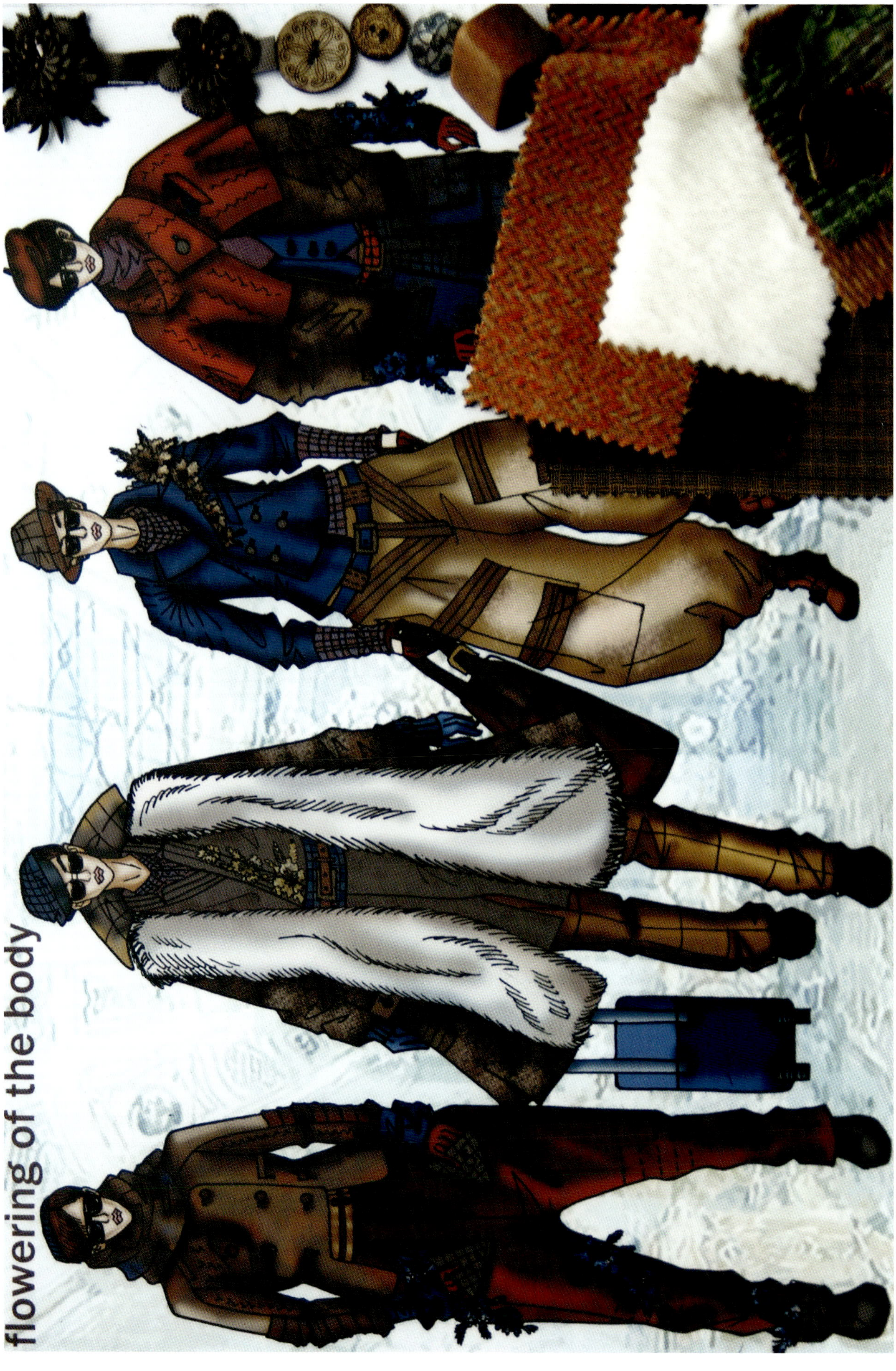

图 011 作品名称：开花的身体 / 作者：陈健宜 / 颜料与工具：钢笔 / 技法：电脑辅助着色
本作品用钢笔勾线，借助电脑完成。人物动态准确，款式细节丰富，色彩协调中有对比，巧妙地处理明暗浓淡关系，使画面更加形象生动。

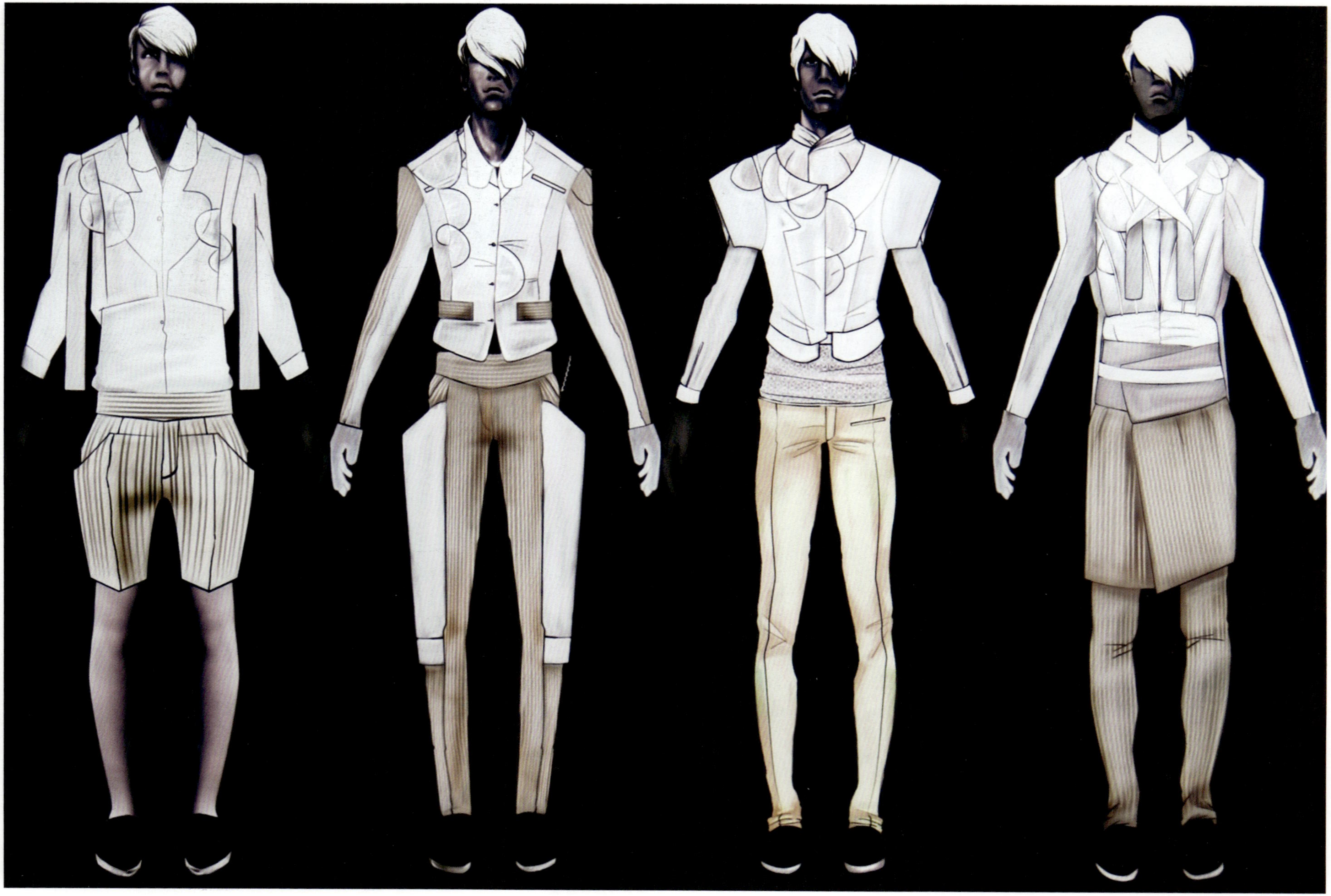

图 012 作品名称：求婚 / 作者：彭颖洁 / 颜料与工具：钢笔 / 技法：勾线、电脑辅助着色
这是一幅颇具形式感的作品。人物动态简单纯粹，表情淡漠夸张，款式富于变化，用深色背景衬出所要表现的款式和细节，整个采用黑白灰色系，干净利落而富于表现力。

图 013 作品名称：城市交响 / 作者：郭聪俐 / 颜料与工具：钢笔 / 技法：勾线、电脑辅助着色

本作品主色调为灰色系，作者淡化人物的刻画，用不同明度的灰色着重表现服装的层次感，款式结构新颖，细节交代清楚，简洁的背景与服装的色调和谐统一。

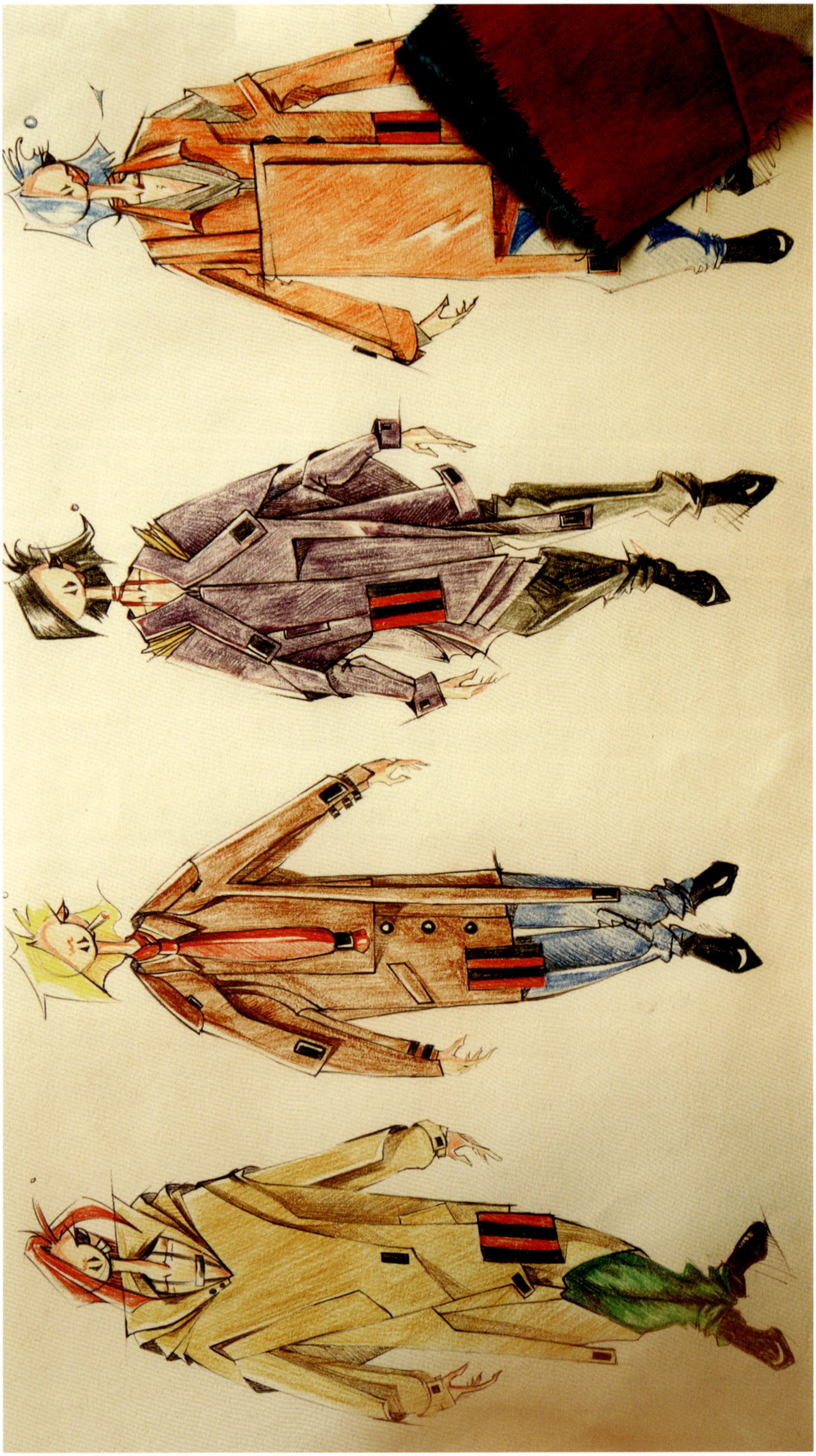

图 014 作品名称：结构未来 / 作者：韩松 / 颜料与工具：彩色铅笔 / 技法：勾线、素描
这是一幅有形式美感的作品，单独运用彩色铅笔来表现。硬朗的线条，线、面的组合与对比，变化的结构与丰富的细节，人物简单的动态配上诙谐的表情，富有情趣。

图 015 作品名称：璞夜楼斓 / 作者：王伊丽 / 颜料与工具：钢笔 / 技法：勾线、电脑辅助着色

本作品构图完整，主题鲜明，层次分明，调式和谐，重点突出。服装结构表达清晰，设色干净整洁，色彩布局有层次感和节奏感。人物造型自然，但局部造型可进一步完善。

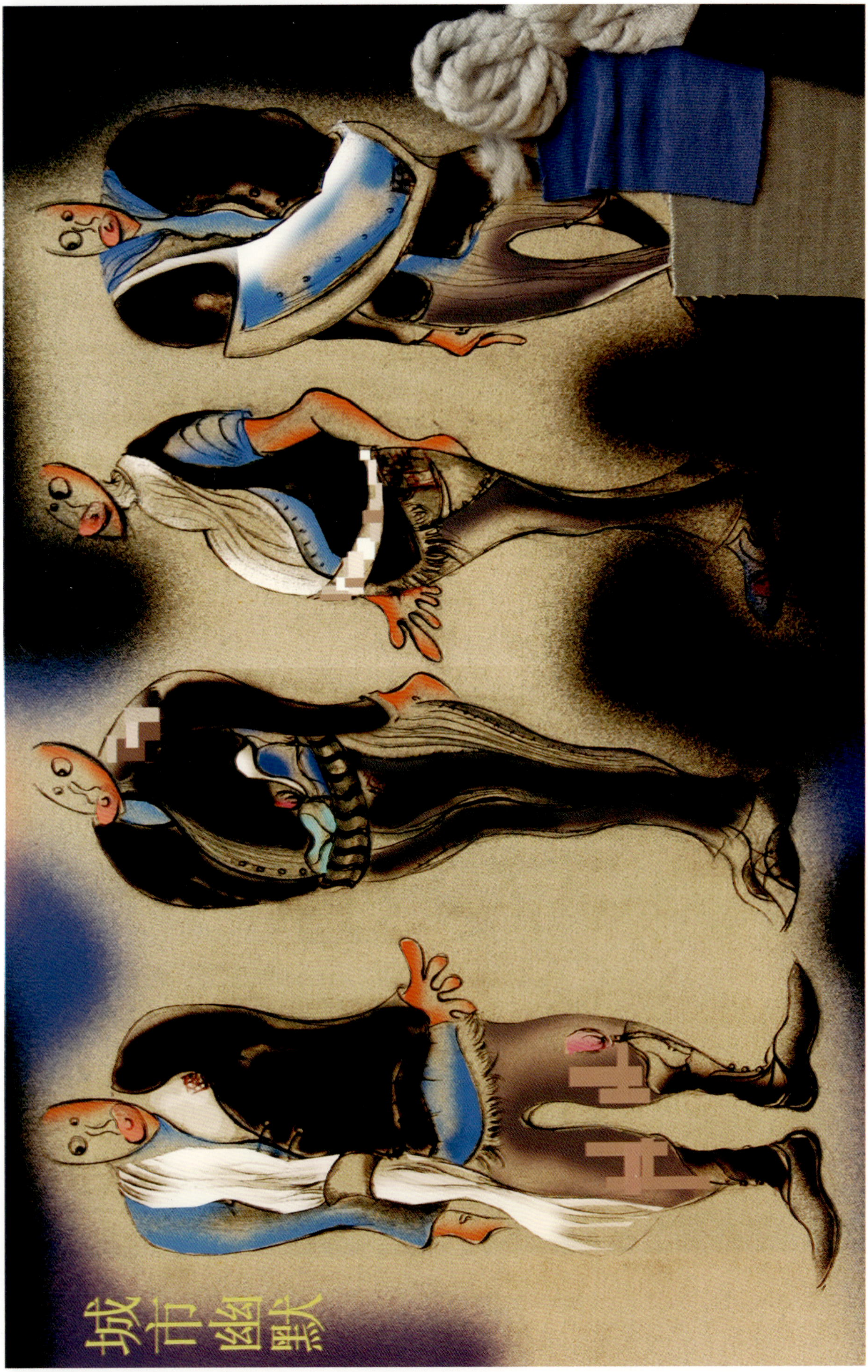

图 016 作品名称：城市幽默 / 作者：佚名 / 颜料与工具：炭笔 / 技法：勾线、电脑辅助着色

这是一幅具有夸张表现力的作品。画法粗犷，人物形态奇巧，表情怪异，款式表达夸张而简洁，不拘一格。但作为参赛作品，作者只突出了绘画表现力，忽视了款式细节的表现。

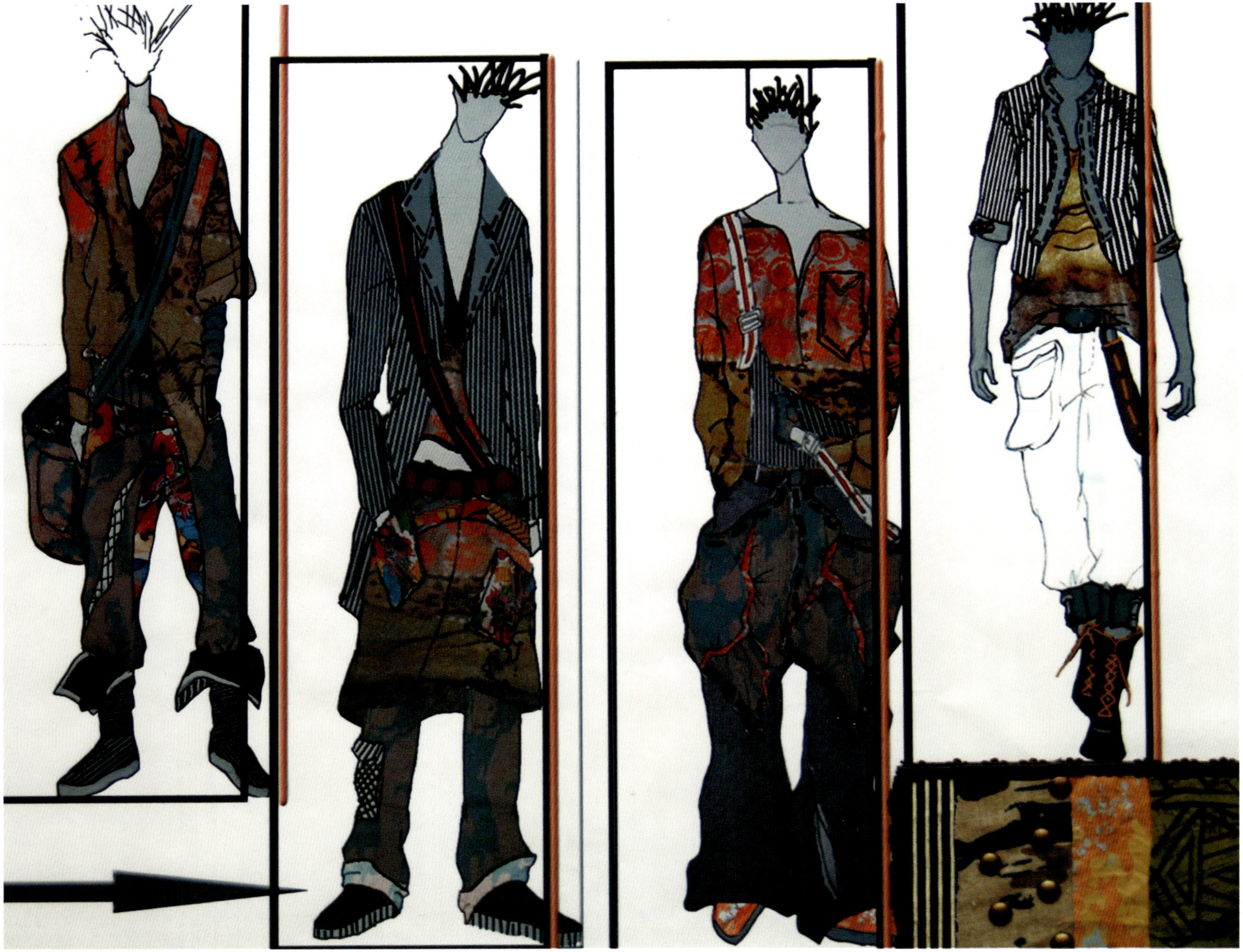

图017 作品名称：佚名／作者：佚名／技法：电脑辅助设计

本作品以流畅的线条表现服装造型和款式细节，服装图案刻画细致，虽然作者弱化人物面部而重点表现服装款式，但整个作品感觉平淡，缺乏亮点，人物刻画有些草率。

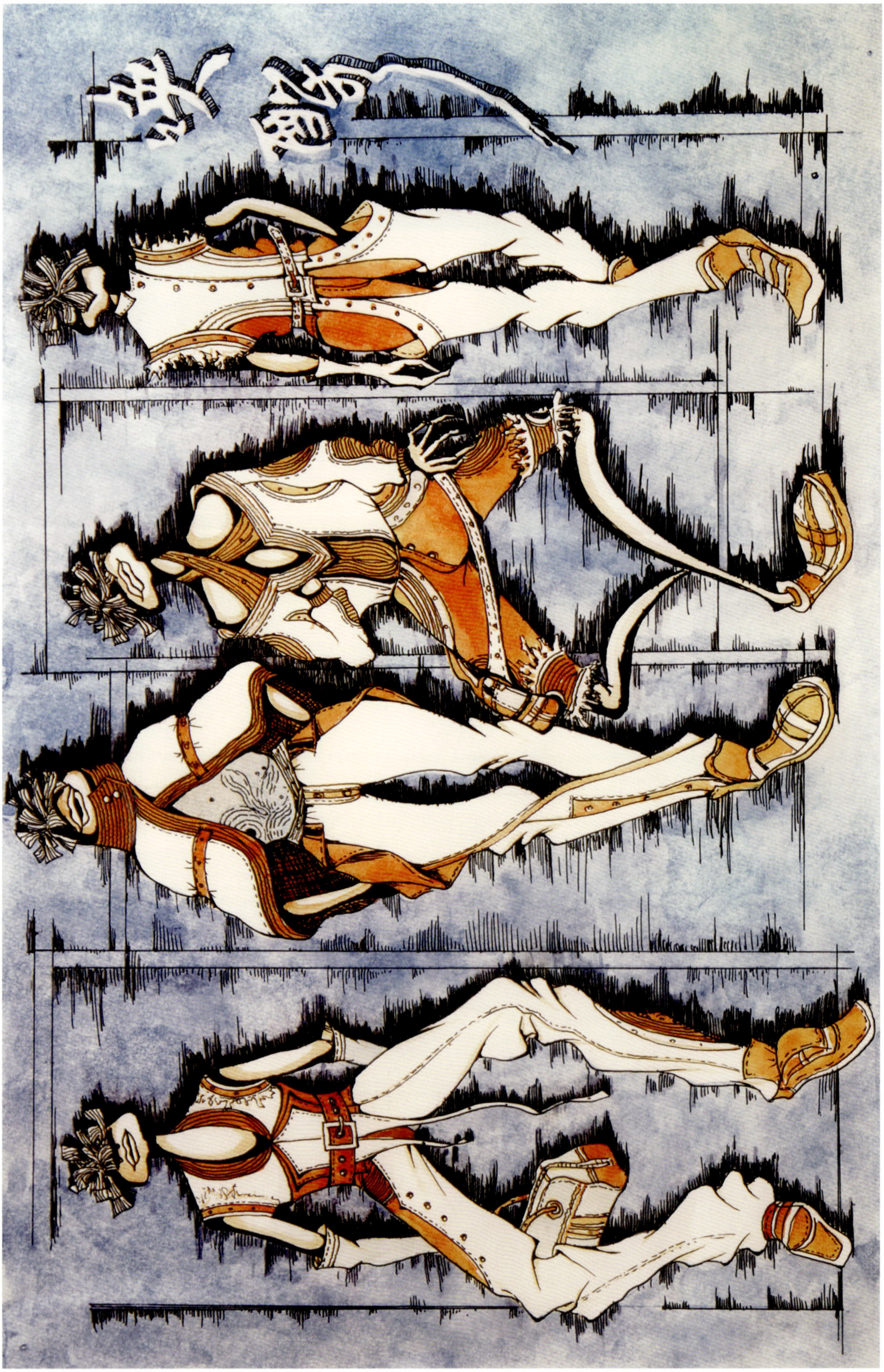

图 018 作品名称：唤醒 / 作者：张福良、彭颢善 / 颜料与工具：水彩、钢笔 / 技法：勾线、渲染
本作品用极度夸张手法来表现，人体动态扭曲，服装风格前卫，装饰手法独特，层次结构丰富，是一幅视觉效果很强的效果图。

图019 作品名称：对接／作者：刘莹颖／颜料与工具：马克笔、钢笔／技法：勾线、渲染
这是一幅无彩色系作品，线条硬朗，人物造型准确，简洁大方，服装结构清晰完整。作者熟悉明暗规律，慎用笔墨，稍施明暗，使画面增加了立体感与层次感。

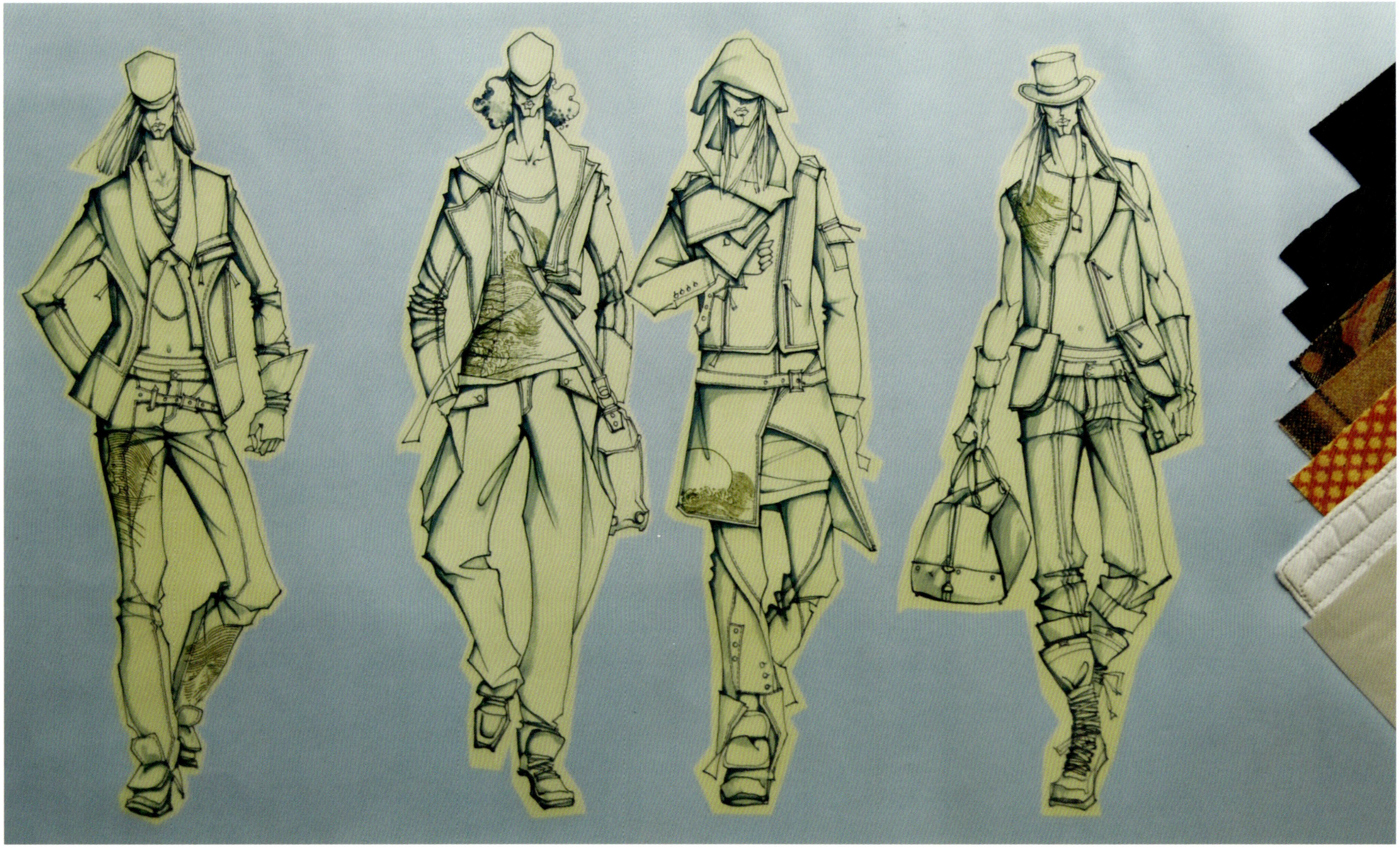

图 020 作品名称：礼尚生活 / 作者：罗海生 / 颜料与工具：马克笔、钢笔 / 技法：勾线、渲染

本作品借助电脑完成，构图完整，简洁而明确。人物造型严谨，具有写实的效果。红黄色块的点缀为灰色调的服饰增色不少。

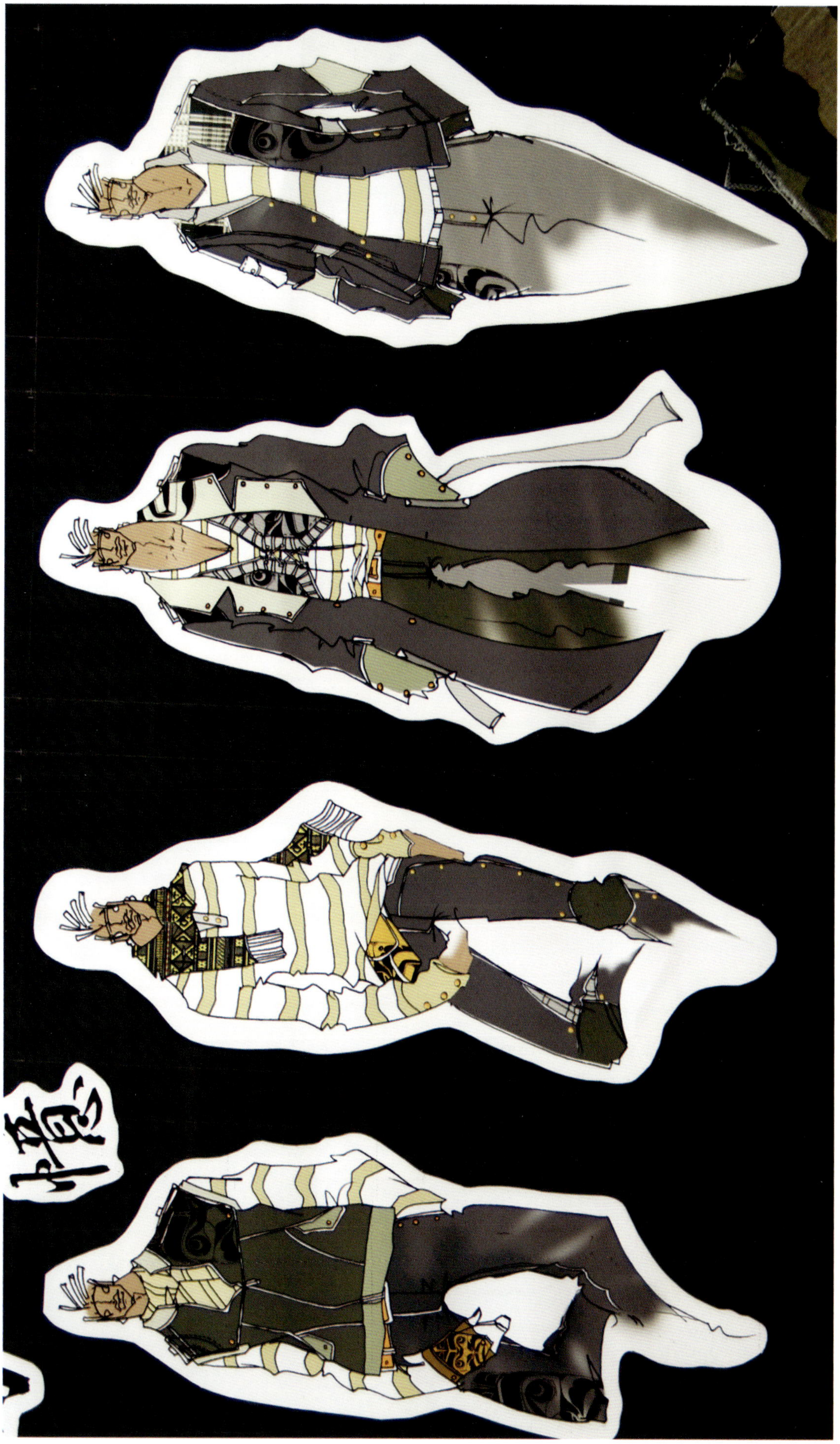

图021 作品名称：回忆 / 作者：肖锋 / 颜料与工具：钢笔 / 技法：勾线、电脑辅助着色
本作品虚实结合，重点突出；人物造型颇具动感；线条随意而流畅，结构及细节表达清晰。

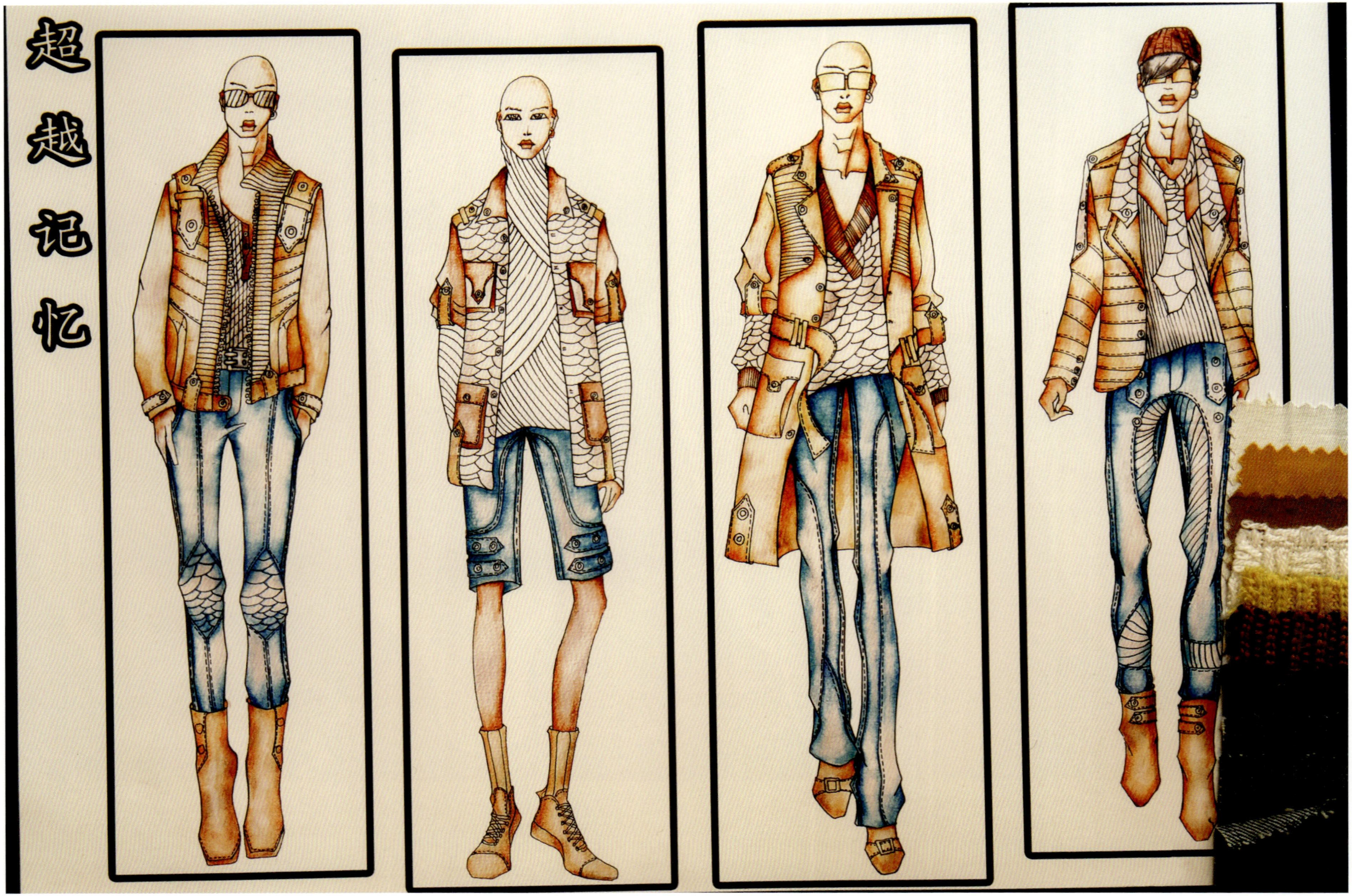

图 022 作品名称：超越记忆 / 作者：王井虎 / 颜料与工具：水彩、钢笔 / 技法：勾线、渲染

本作品用钢笔勾线画出人物的动态及服饰，再精勾细描出服装的纹样细节。采用淡彩画法轻轻晕染出人物的肤色与服装色彩。上下装冷暖两色的鲜明对比，给人视觉上一定的冲击力。

图023 作品名称：一路向北/作者：王璐/颜料与工具：钢笔/技法：勾线、电脑辅助着色

本作品以钢笔勾线，借助电脑着色完成。款式结构清楚，细节表现丰富，不同质感的面料刻画入微；人物造型优美，情态别致；画风严谨，手法细腻。它是一幅表现较完美的作品。

图 024 作品名称：Happy Time/ 作者：胡大鹏 / 颜料与工具：油画棒、马克笔、钢笔 / 技法：勾线、渲染

本作品省略了人物形象，但还是按照人物动态来表现整体的服饰搭配。丰富的背景与服饰融为一体，服装动态表达准确，画面布局得当，色彩繁而不乱。

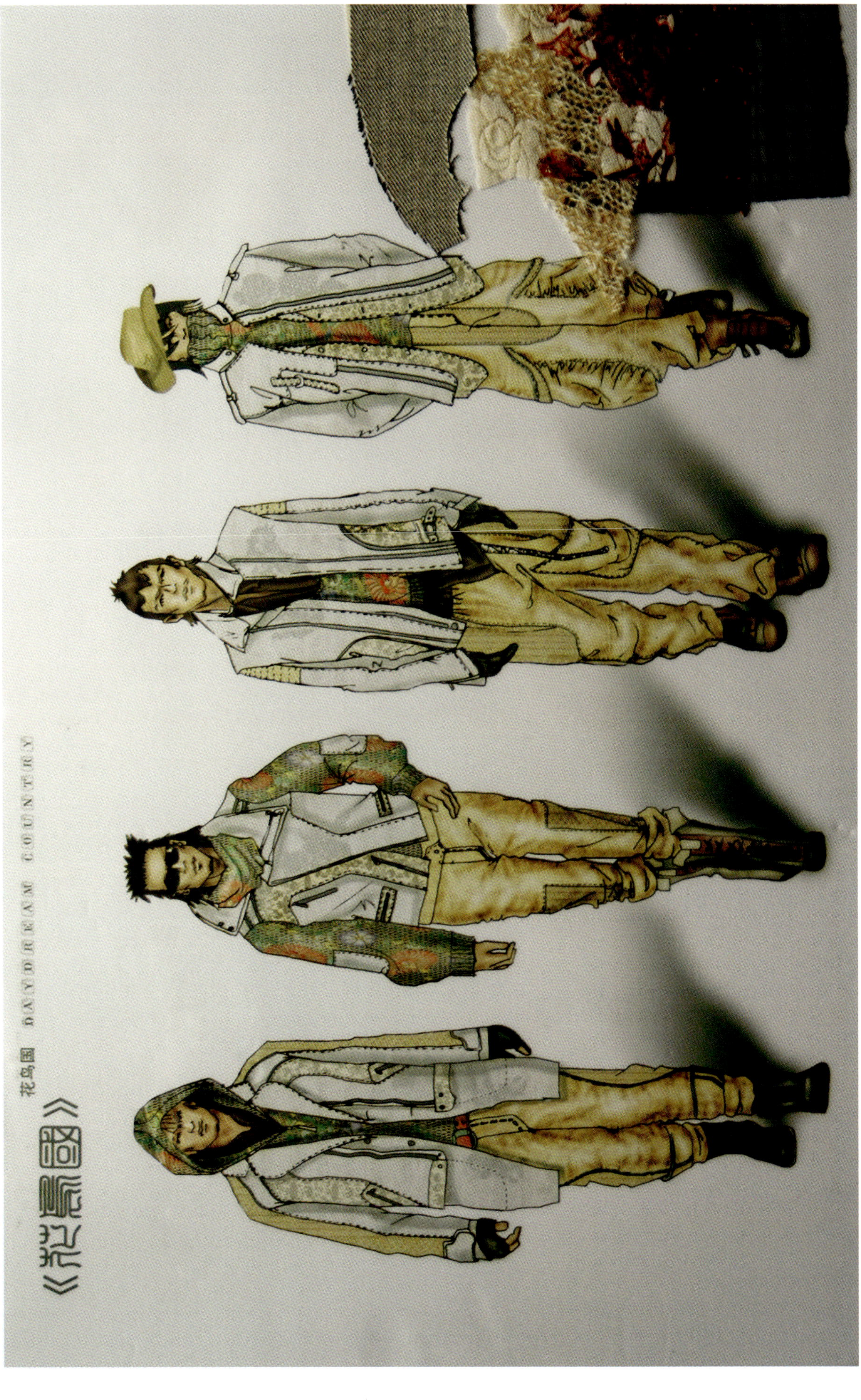

图 025 作品名称：花鸟国 / 作者：杨辉 / 颜料与工具：钢笔 / 技法：勾线、电脑辅助着色

本作品构图完整，色调协调，主体突出；服装结构表达清晰，有一定质感；配色明快和谐有节奏感；人物造型自然，体态比例基本协调。

图 026 作品名称：印象·城市 / 作者：辛从道 / 技法：电脑辅助设计与表现

这是一幅很有个性特点的作品，整个作品借助电脑完成。人物造型俊朗，比例准确，刻画细致；服装款式新颖，结构多变，细节丰富；整个作品最突出的是用线面来表现，突出线的表现力。

图 027 作品名称：怒放 / 作者：尹涛、宋歌 / 技法：电脑辅助设计

这是一幅写实风格的作品，用电脑绘制而成。作品的特色在于将图片扫入电脑，合成处理成自己需要的款式。霓虹光线反射在服装上呈现的效果，表达得也很精彩。

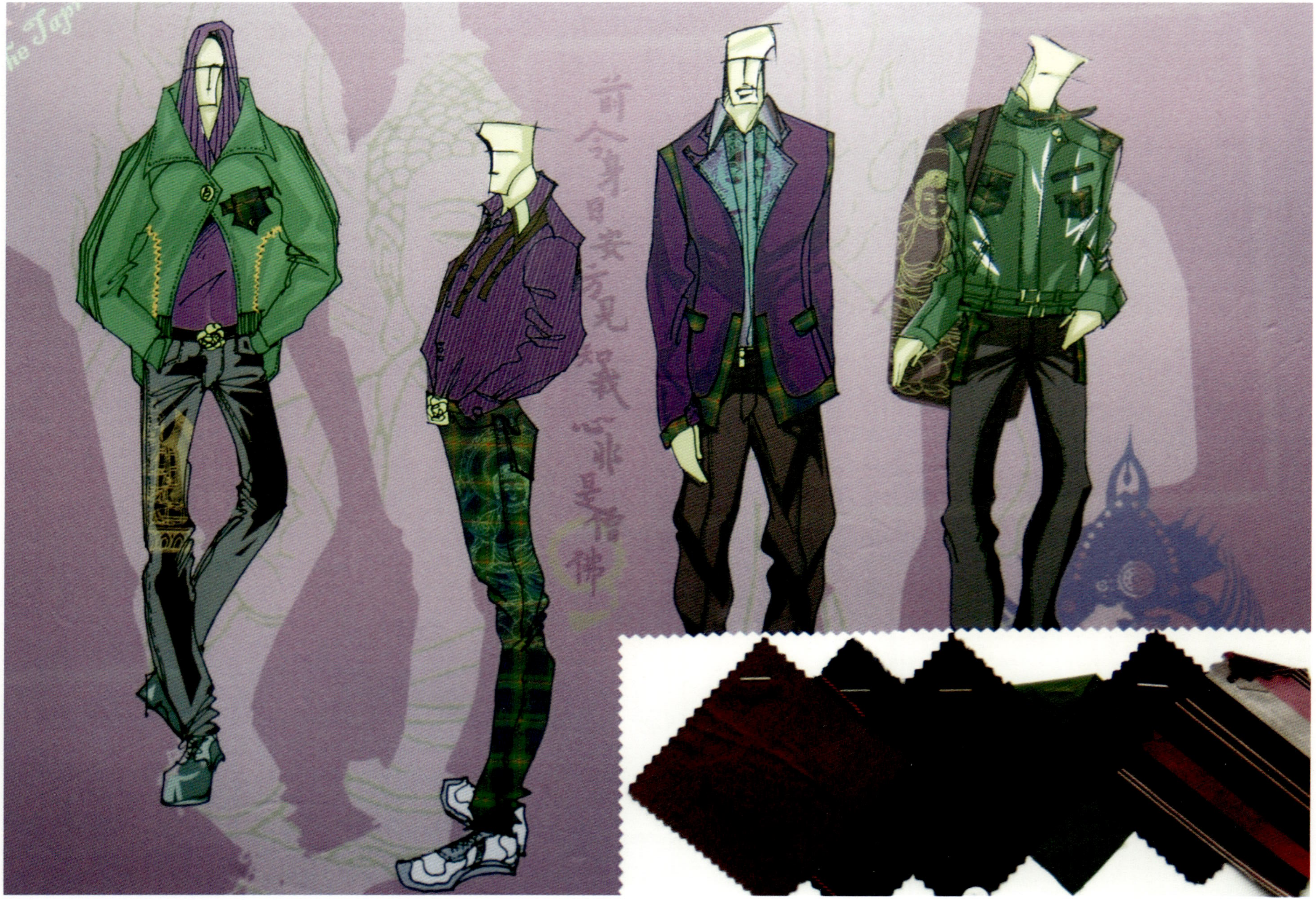

图 028 作品名称：佚名 / 作者：佚名 / 颜料与工具：钢笔 / 技法：勾线、电脑辅助着色

本作品款式简单、大方，色彩搭配大胆，人物造型夸张，风格简约洗练，给人一种轻松流畅之感。

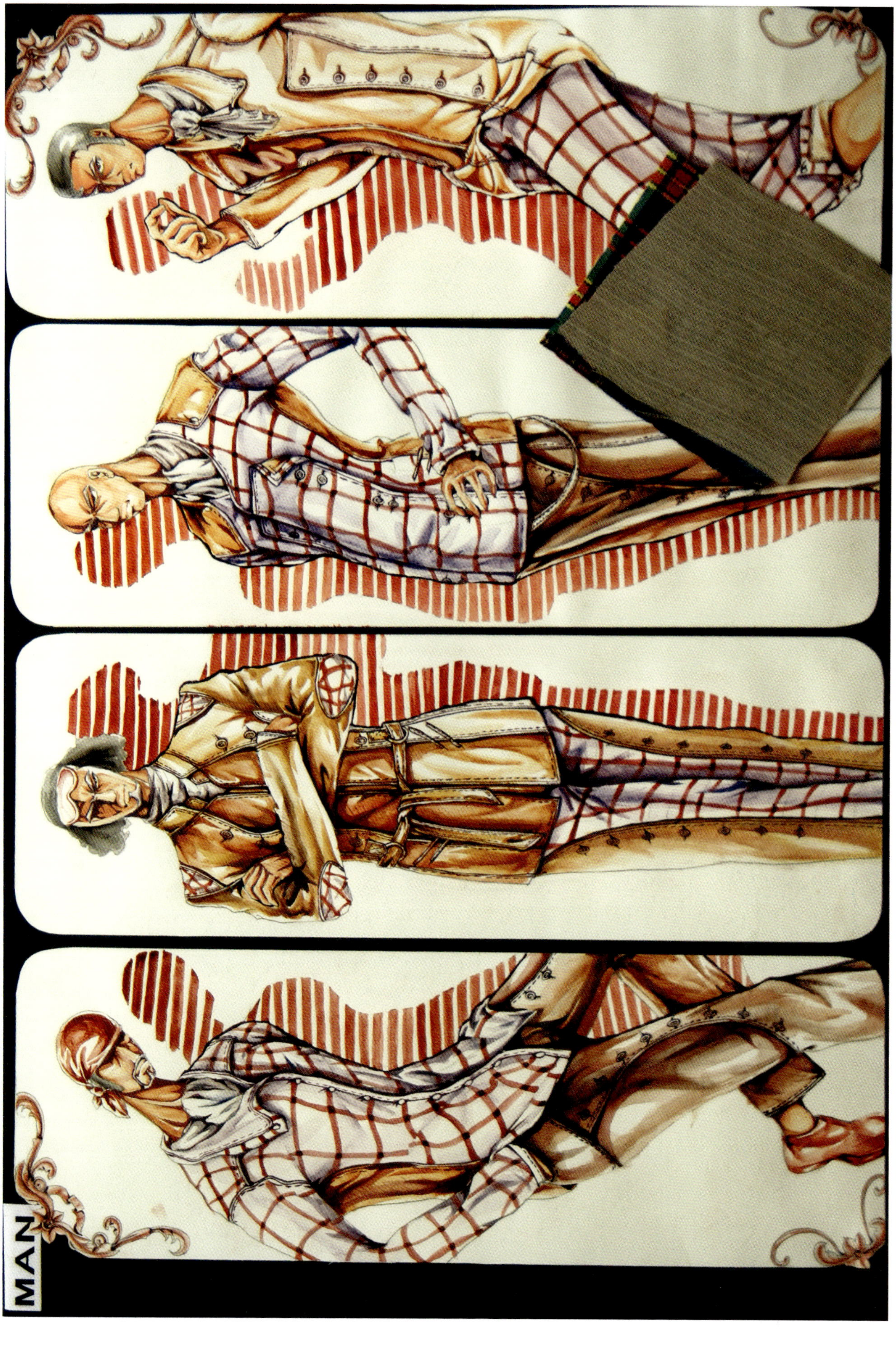

图 029 作品名称：Man / 作者：易小磊 / 颜料与工具：水彩、钢笔 / 技法：勾线、渲染

这是一幅明暗画法的作品，构图饱满，色系协调，人物造型夸张，款式细节丰富。最大的特点是通过渲染描绘服装的纹理，细致严谨，使画面有体量感。

图 030 作品名称：城市之光 / 作者：蒋波 / 颜料与工具：钢笔 / 技法：勾线、电脑辅助着色

本作品简约的轮廓线、夸张的人物造型、新颖的款式设计，基本表现了作者的设计意图，但构图太散，稍显小气，不能充分表现款式。

图 031 作品名称：New School/ 作者：佚名 / 技法：电脑辅助设计与着色

本作品构图完整，层次分明，主体突出，服装结构表达基本清晰。夸张而变形的人物造型，渐变的服装色彩，背景与人物相互烘托是其主要特点。

图 032 作品名称：明天的明天 / 作者：张伟 / 技法：电脑辅助设计与着色
本作品构图别致，主体突出。服装结构表达基本清晰，设色亮丽，既有鲜明的对比，也有谨慎的搭配，细节表现丰富。

图 033 作品名称：异度空间 / 作者：佚名 / 颜料与工具：钢笔 / 技法：勾线、电脑辅助着色

本作品中黑白的背景色衬托了服装的艳丽，渲染出一种热烈的氛围。人物造型新颖，线条奔放，不过没能很好地处理好相互协调的关系，整体效果稍显凌乱。

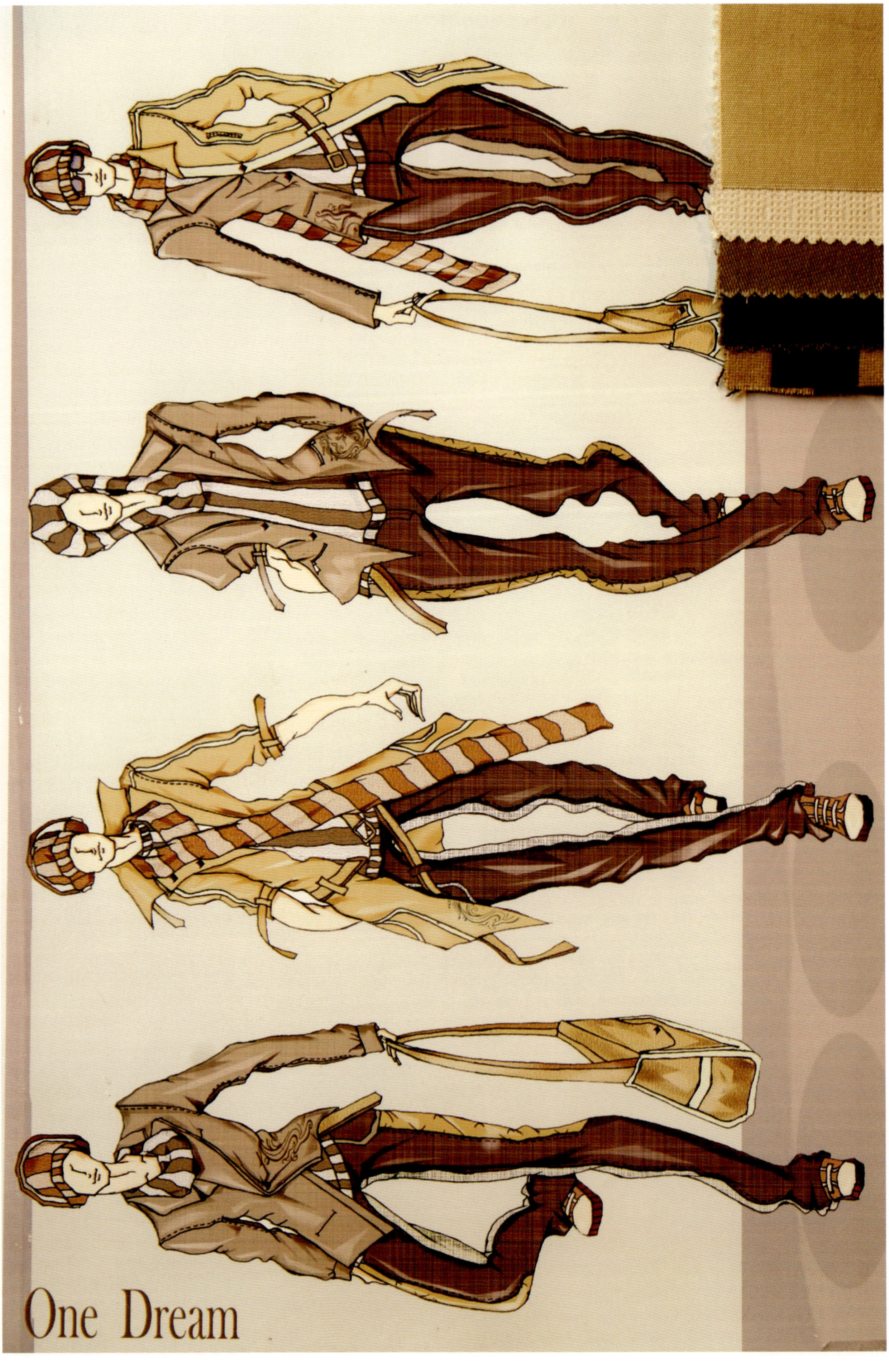

图 034 作品名称：One Dream / 作者：颜正华 / 颜料与工具：水粉、钢笔 / 技法：勾线、渲染
本作品构图完整，主体突出；人物造型自然生动，有感染力；服装结构表达清晰，设色明快，有体量感。

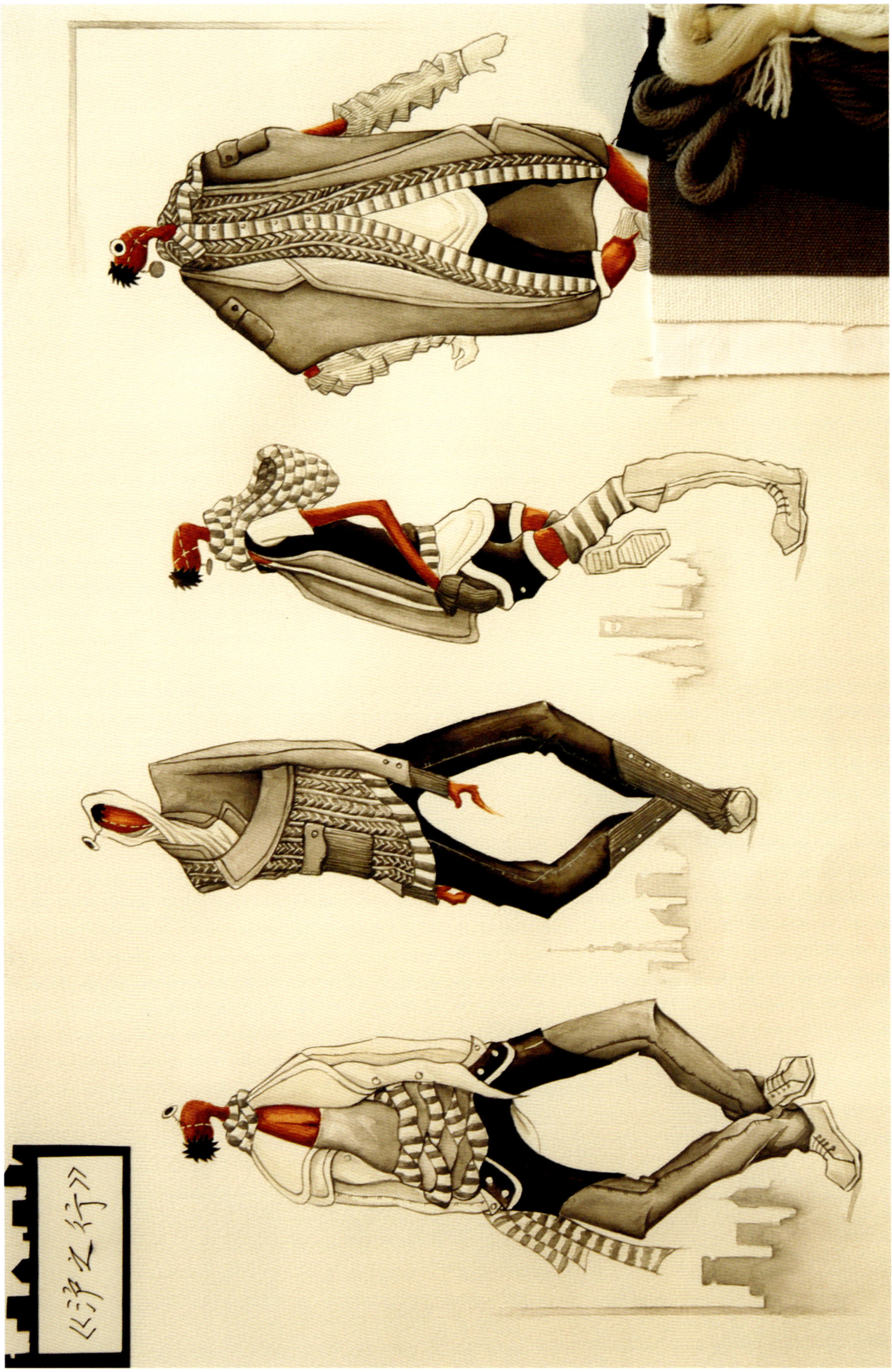

图 035 作品名称：沪之行 / 作者：陈彬彬 / 颜料与工具：水彩、钢笔 / 技法：勾线、渲染

本作品构图完整，用钢笔勾线，水彩着色；人物造型夸张，颇具动感；以黑白灰为主色调，用水彩表现服装的纹理和质感，整体有些许写意的味道。

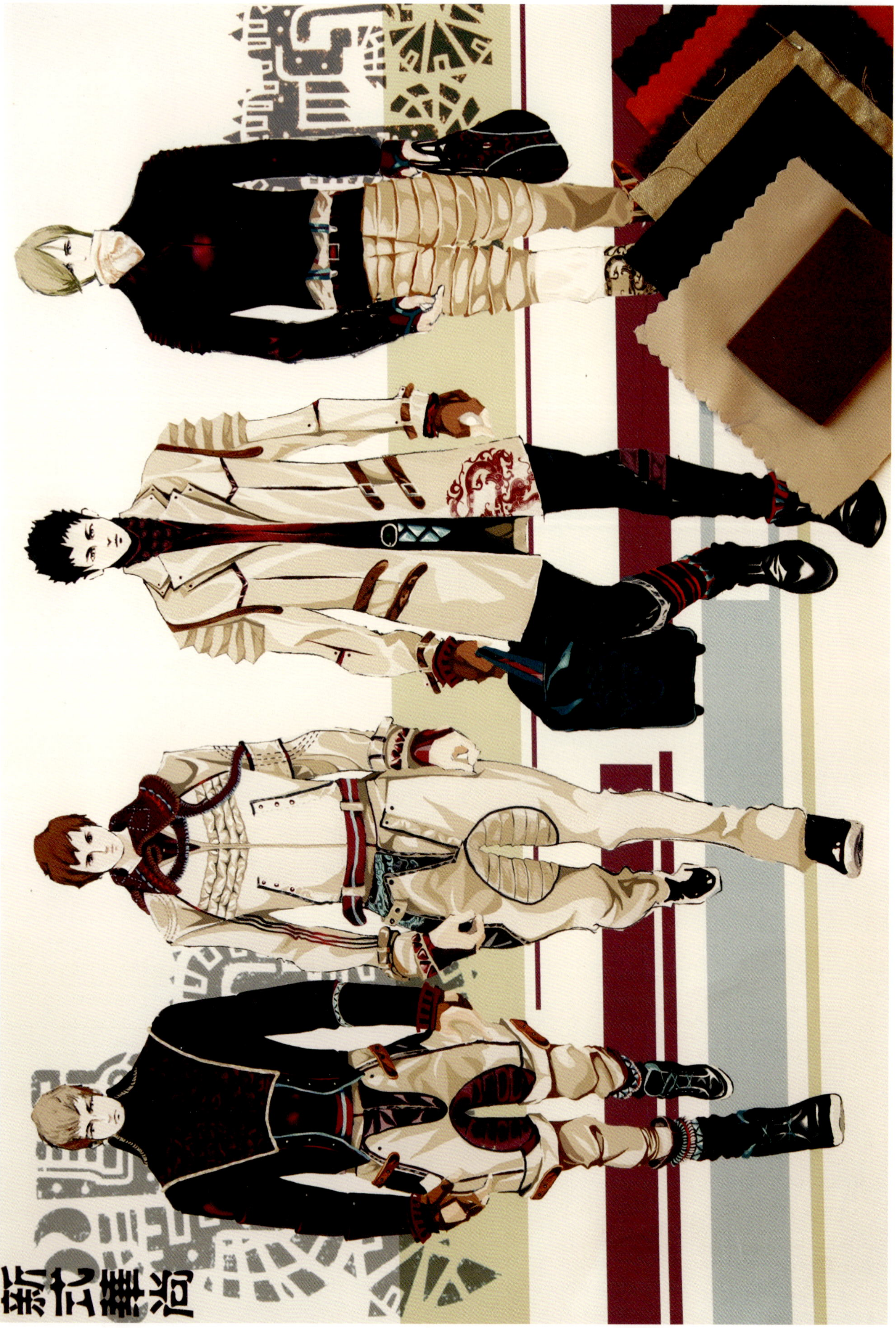

图 036 作品名称：新式华尚 / 作者：刘瑞卿 / 颜料与工具：钢笔 / 技法：勾线、电脑辅助着色

本作品表现较为成熟，款式造型独特，细节表达清楚，明暗关系得当，有一定体量感，整体色彩丰富，色调统一。若人物面部刻画再完美些，便是一幅优秀的作品。

图 037 作品名称：2010・符号／作者：张真镜／颜料与工具：马克笔、水笔、钢笔／技法：勾线、渲染

本作品构图完整，主体突出，服装结构基本表达清晰，人物造型基本合理，但马克笔着色运用不够成熟，稍显生硬。

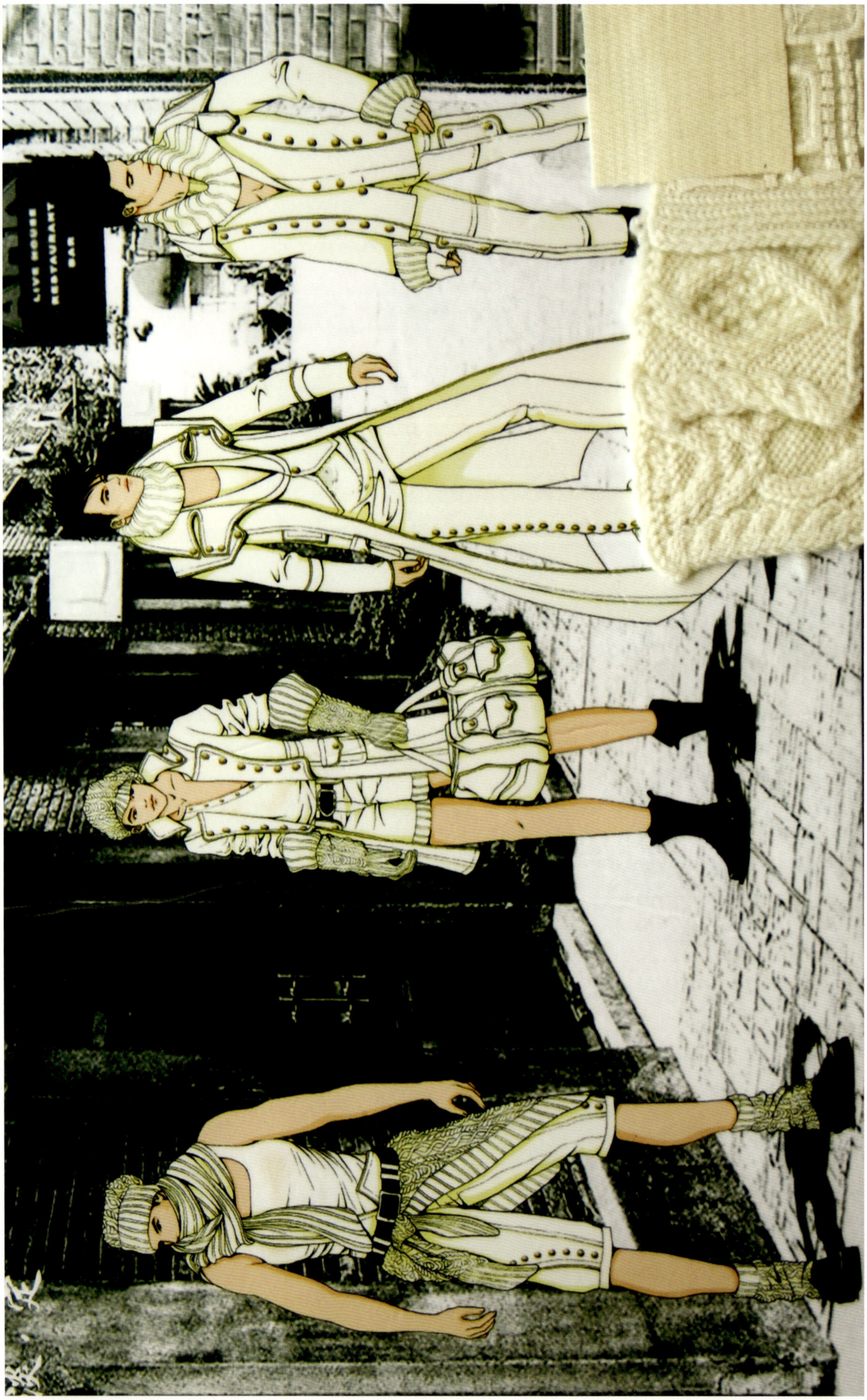

图 038 作品名称：淡定 / 作者：董龙 / 颜料与工具：水彩、钢笔 / 技法：勾线、渲染
这是一幅唯美的作品。人物造型生动，面容清秀；作品主体突出，调式和谐；服装结构表达清晰；设色干净，有一定体量感和层次感；背景的处理，使画面具有故事感。

图 039 作品名称：新境界 / 作者：邬浩 / 颜料与工具：水彩、钢笔 / 技法：勾线、渲染
本作品构图完整，层次分明，主体突出。服装结构表达清晰，设色明快。人物造型稍显拘泥，肢体比例不是很协调。

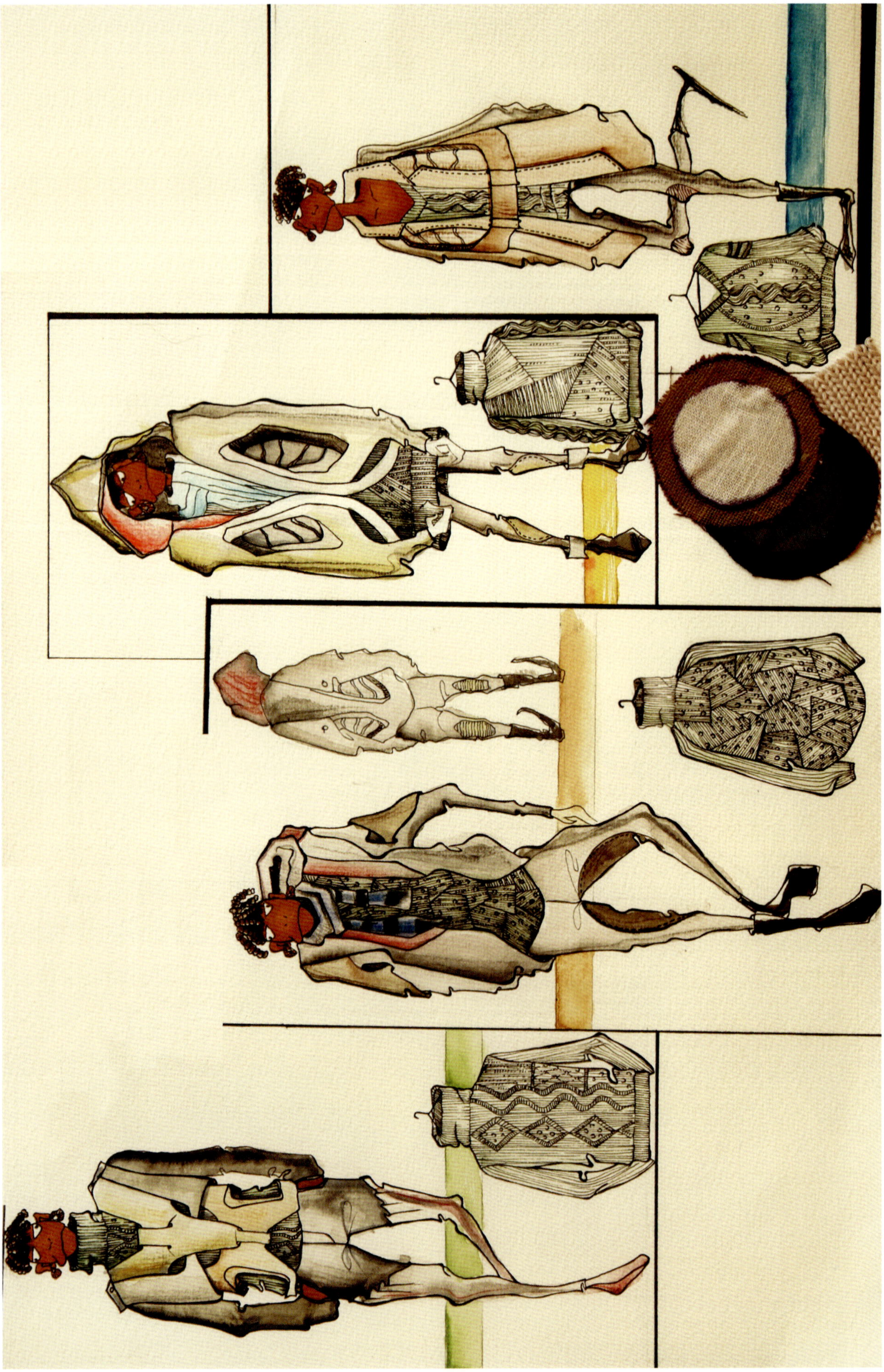

图 040 作品名称：描述 / 作者：佚名 / 颜料与工具：水彩、彩色铅笔、钢笔 / 技法：勾线、渲染
本作品别具一格，其特点是人物形态奇特，身材扭曲，比例夸张，别具情趣，体现了作者怪诞的艺术思维。

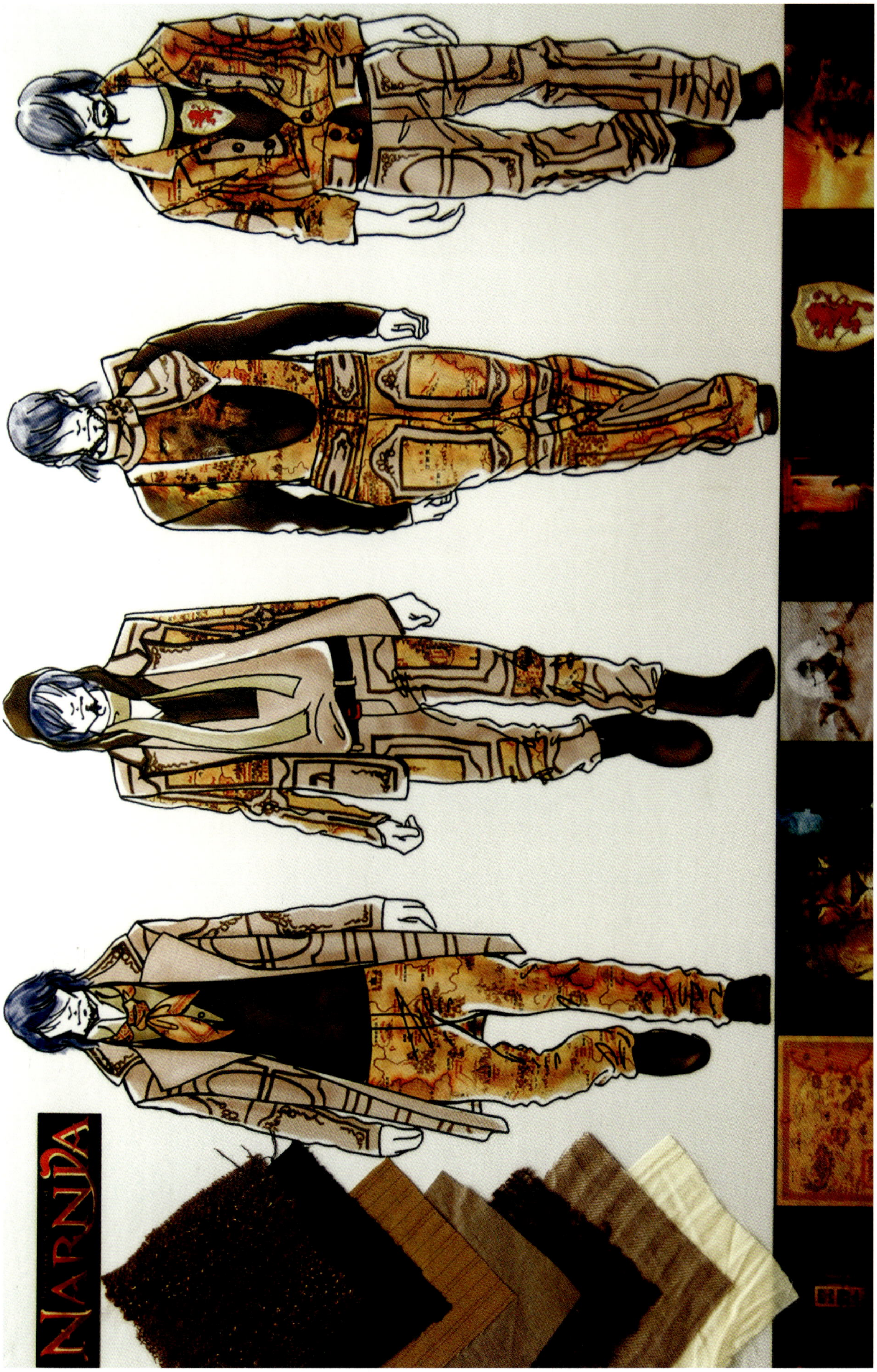

图 041 作品名称：Narnda / 作者：刘舒白 / 技法：电脑辅助设计
本作品构图完整，调式统一，服装结构表达基本清晰，但人物造型略显生硬，线条缺少变化，层次不够丰富。

图 042 作品名称：梵音·雅尔 / 作者：于丹 / 颜料与工具：钢笔 / 技法：勾线、电脑辅助设计
这是一幅以线条为主要表现手段的作品。人物造型别致，线条富于变化，细部结构表达清楚，稍施明暗与背景，起到了很好的衬托作用。

图 043 作品名称：佚名 / 作者：佚名 / 颜料与工具：水粉、毛笔 / 技法：勾线、渲染

本作品用变化的线条来表现，厚重有力，表现了男性的阳刚。人物造型别致，服装大气、有细节。背景稍显繁琐，冲淡了主体的表现力。

图 044 作品名称：不穿制服的日子 / 作者：王忠 / 颜料与工具：水彩、铅笔 / 技法：勾线、渲染
本作品虚实有致，人物形态优美，线条流畅，款式新颖，细节丰富。特别的是面料刻画细致，可谓精益求精，堪称完美。

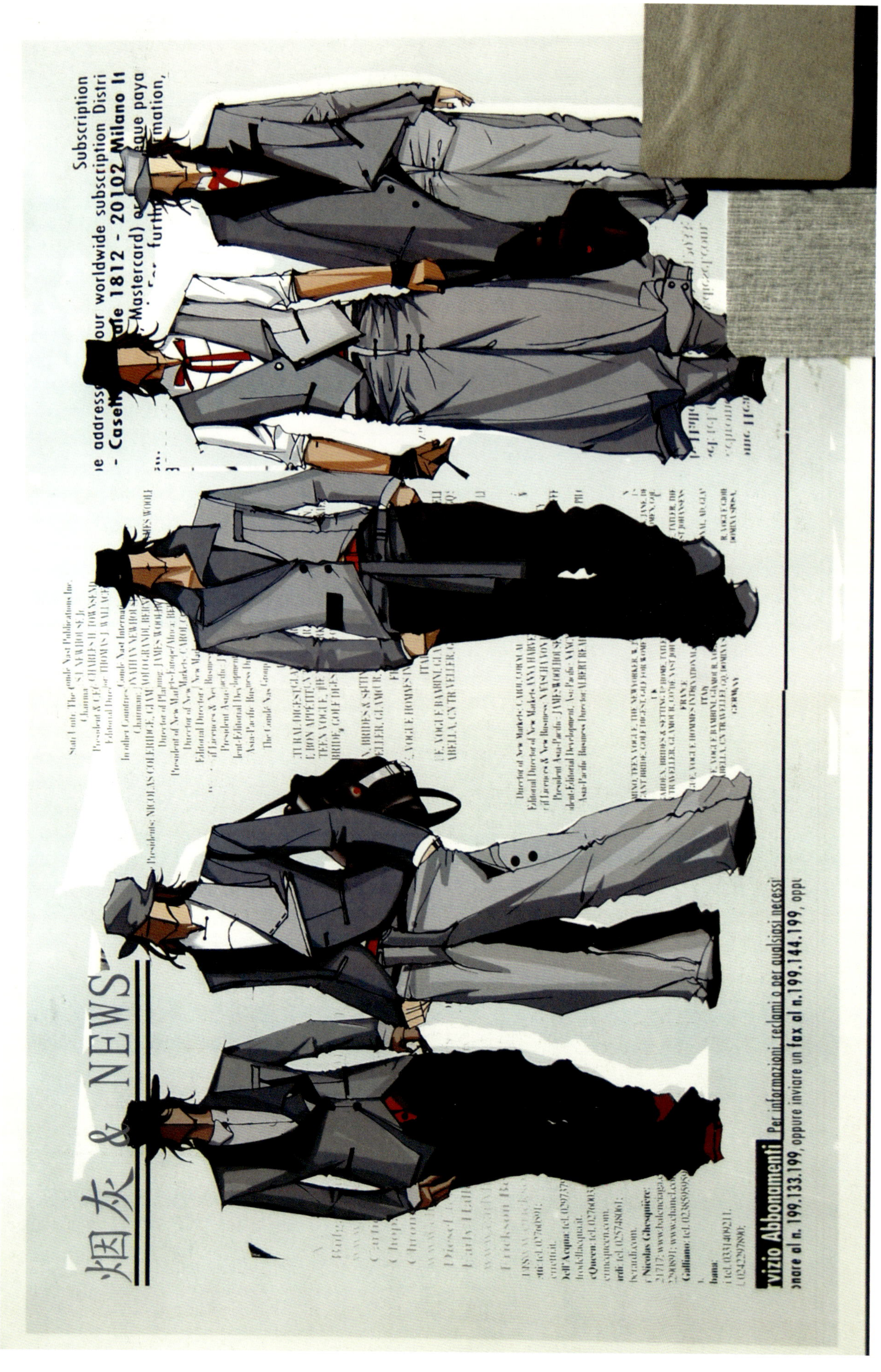

图 045 作品名称：烟灰 & News/ 作者：王彬 / 技法：电脑辅助设计

本作品的特色是用直线条来表达男性的硬朗，黑白灰色系点缀一点亮红，构图饱满，层次丰富，款式特征交代得基本清楚。人物造型自然，但局部造型可进一步完善。

图 046 作品名称：牧人 / 作者：王家雄、薛霖之 / 颜料与工具：水彩、钢笔 / 技法：勾线、渲染

本作品构图完整，层次分明，主体突出；服装结构表达清晰，色系统一；人物造型较自然，肢体比例基本协调。作者为了追求整体的大气而忽略了一些细节的深入表现。

图 047 作品名称：P & F/ 作者：李薇 / 技法：电脑辅助设计
作者用纯粹化的表现手段，如折的线条、渐变的色彩，使作品具有其独有的特点，不过整体略显不足，细节交代不清，影响了设计表达。

图 048 作品名称：喧嚣记忆 / 作者：王冻洋 / 颜料与工具：水粉、马克笔、钢笔 / 技法：勾线、渲染

这是一幅形式感很强的作品，款式设计前卫。作者以平涂的方式，留出线迹，贯穿整个系列，黑白灰的统一色系，轻松随意，画法别具一格。

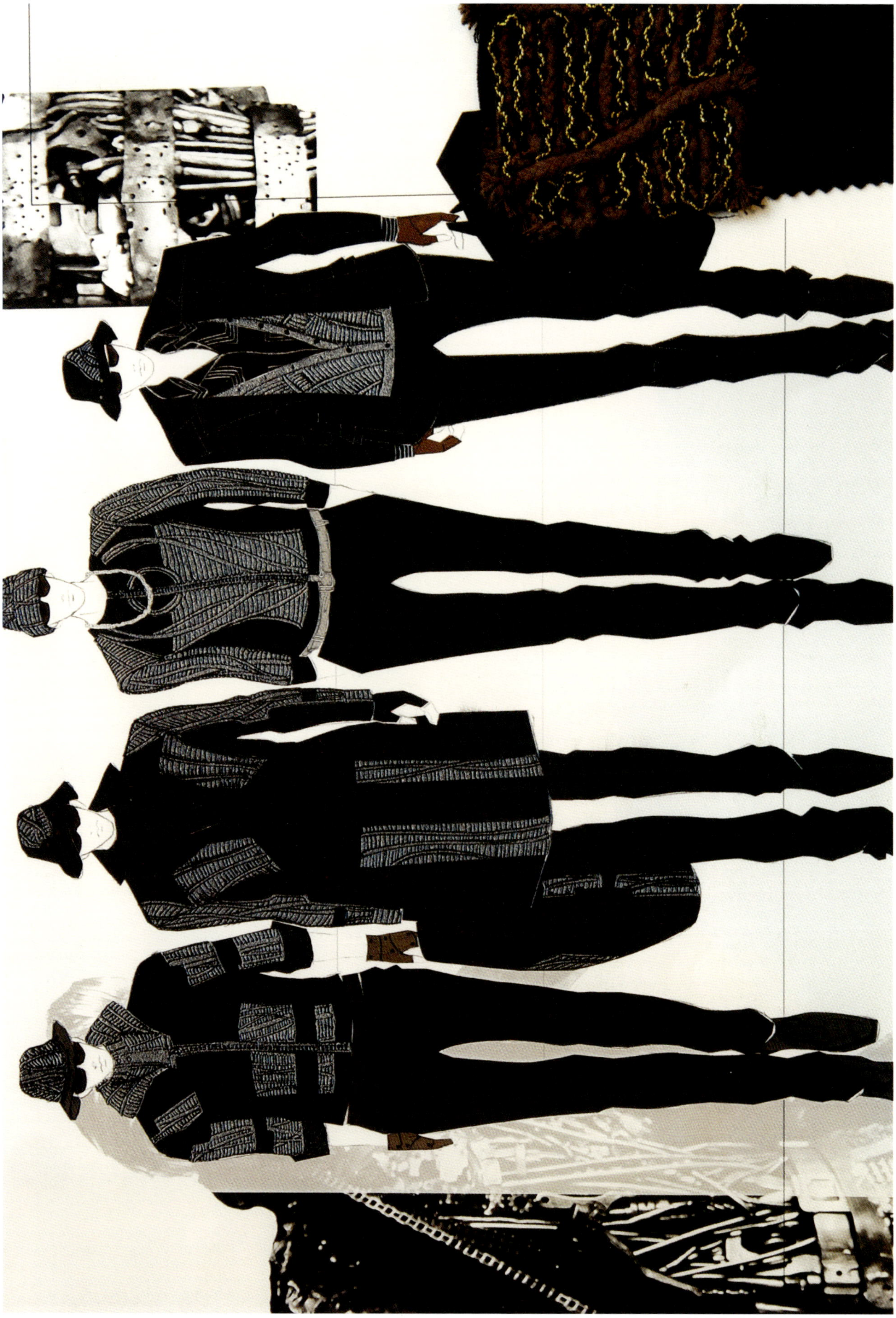

图 049 作品名称：机器绅士 / 作者：黄秋霓 / 颜料与工具：钢笔 / 技法：勾线、电脑辅助着色

本作品以钢笔勾线，构图完整，主体突出，调式和谐；服装结构表达基本清晰。但人物造型略显生硬，肢体比例有待完善。

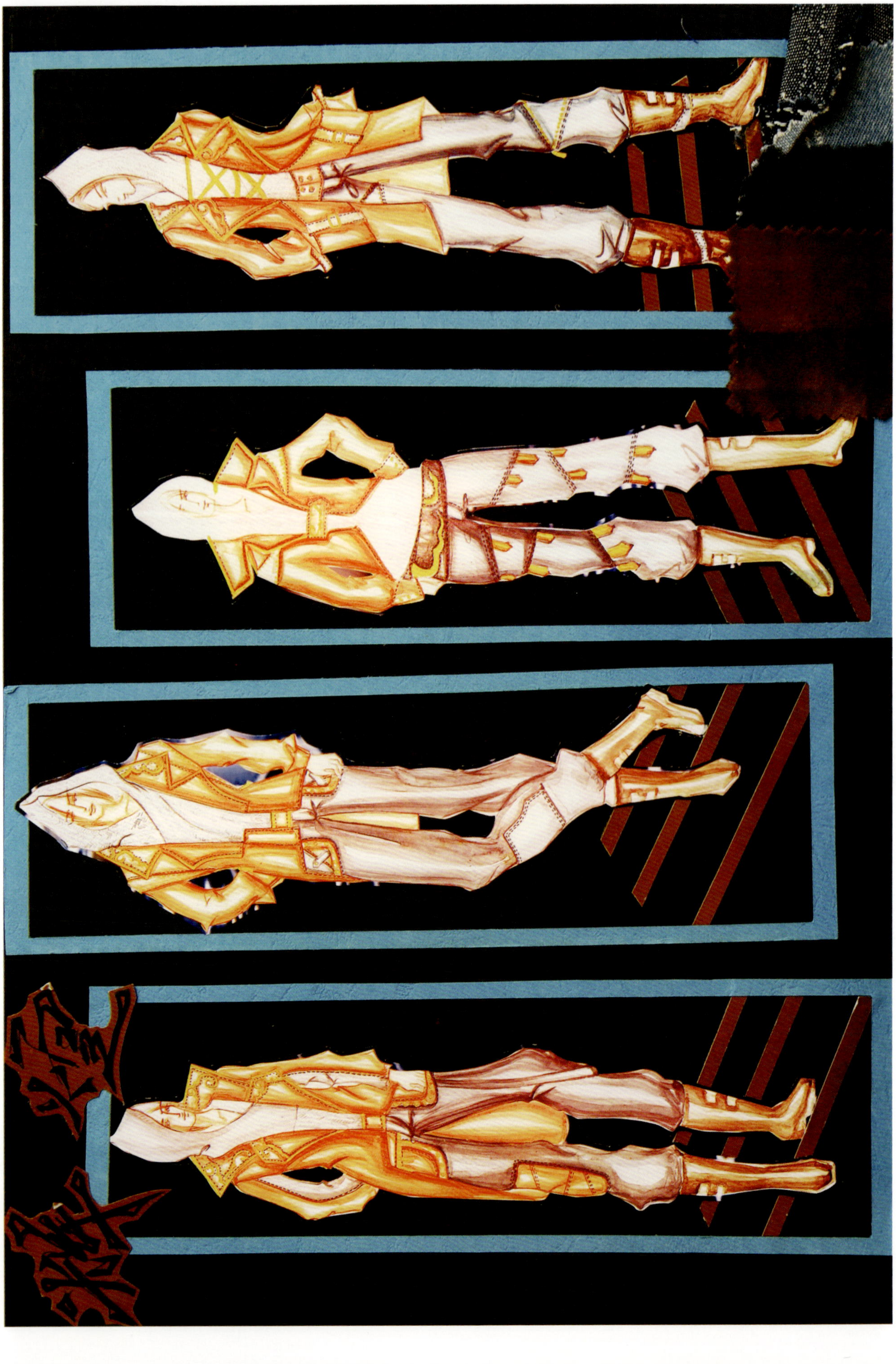

图 050 作品名称：辉煌 / 作者：李素成 / 颜料与工具：水彩 / 技法：勾线、渲染

这是一幅手绘作品，构图平稳，调式和谐，主体突出，服装结构表达清晰，设色明快、丰富、有节奏感。人物造型自然，体态比例基本协调，背景处理简单，与主体形成对比。

图 051 作品名称：新态度 / 作者：郭聪俐 / 钢笔 / 技法：勾线、电脑辅助着色

本作品构图平稳，调式和谐，对比鲜明。服装结构表达清晰，设色干净整洁，有一定质感。人物造型自然，如果能够有点睛之笔，效果会更有感染力。

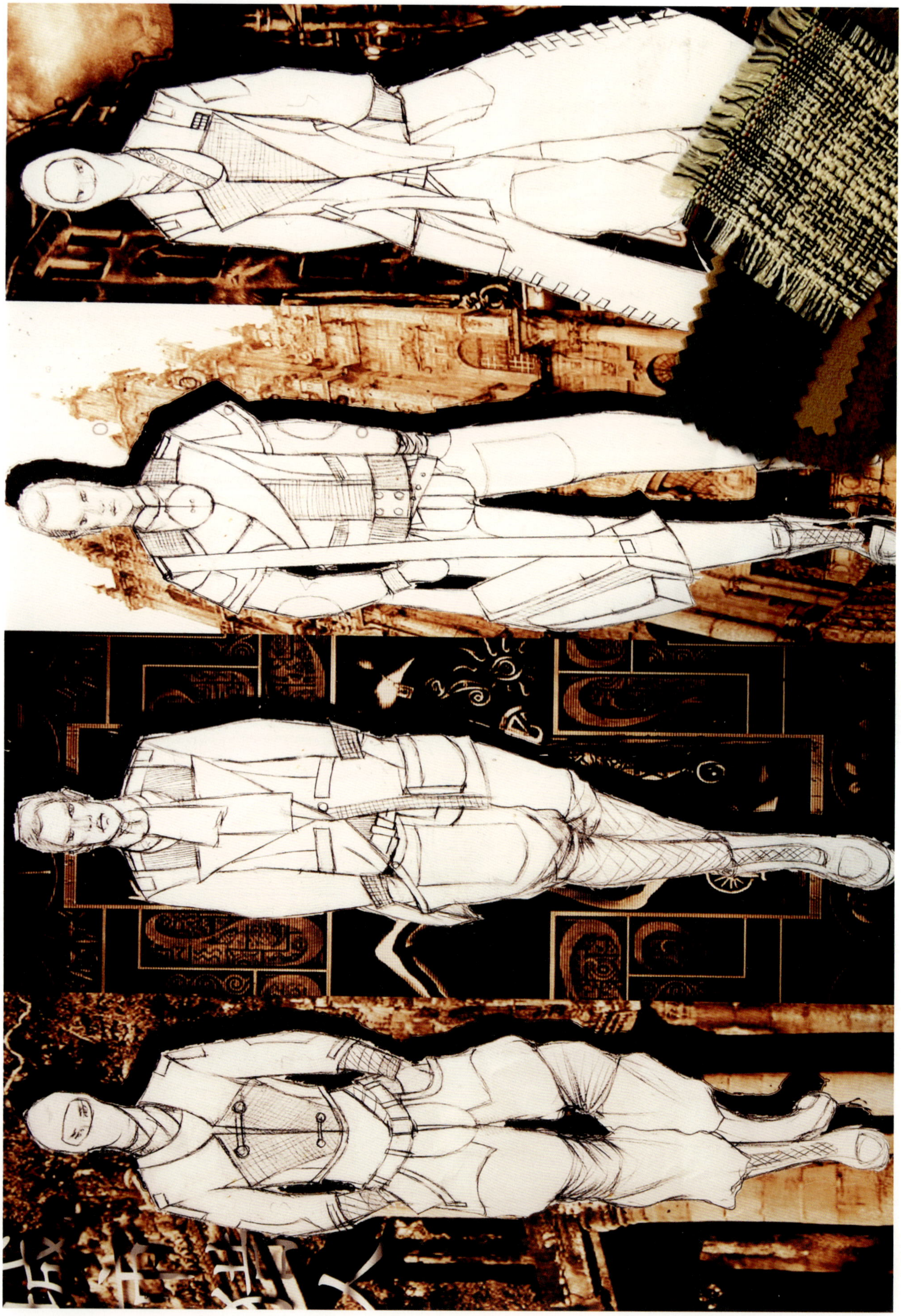

图 052 作品名称：城市猎人 / 作者：佚名 / 颜料与工具：钢笔 / 技法：勾线、电脑辅助背景处理

为了突出以结构设计为特色的服装，作者匠心独具，放弃着色而直接用线条来表现，整体构思化繁趋简，使视觉更好地集中在服装结构变化分割的细节美感上，再用丰富的背景来衬托。

图 053 作品名称：交融 / 作者：赖文妍 / 颜料与工具：水彩、毛笔 / 技法：勾线、渲染

这是一幅具有装饰美感的作品。作者用块面来表达，设色大胆对比，笔触随意自然，有一定的艺术表现力。只是这种形式略显“臃肿”，以致服装表现美感不足。

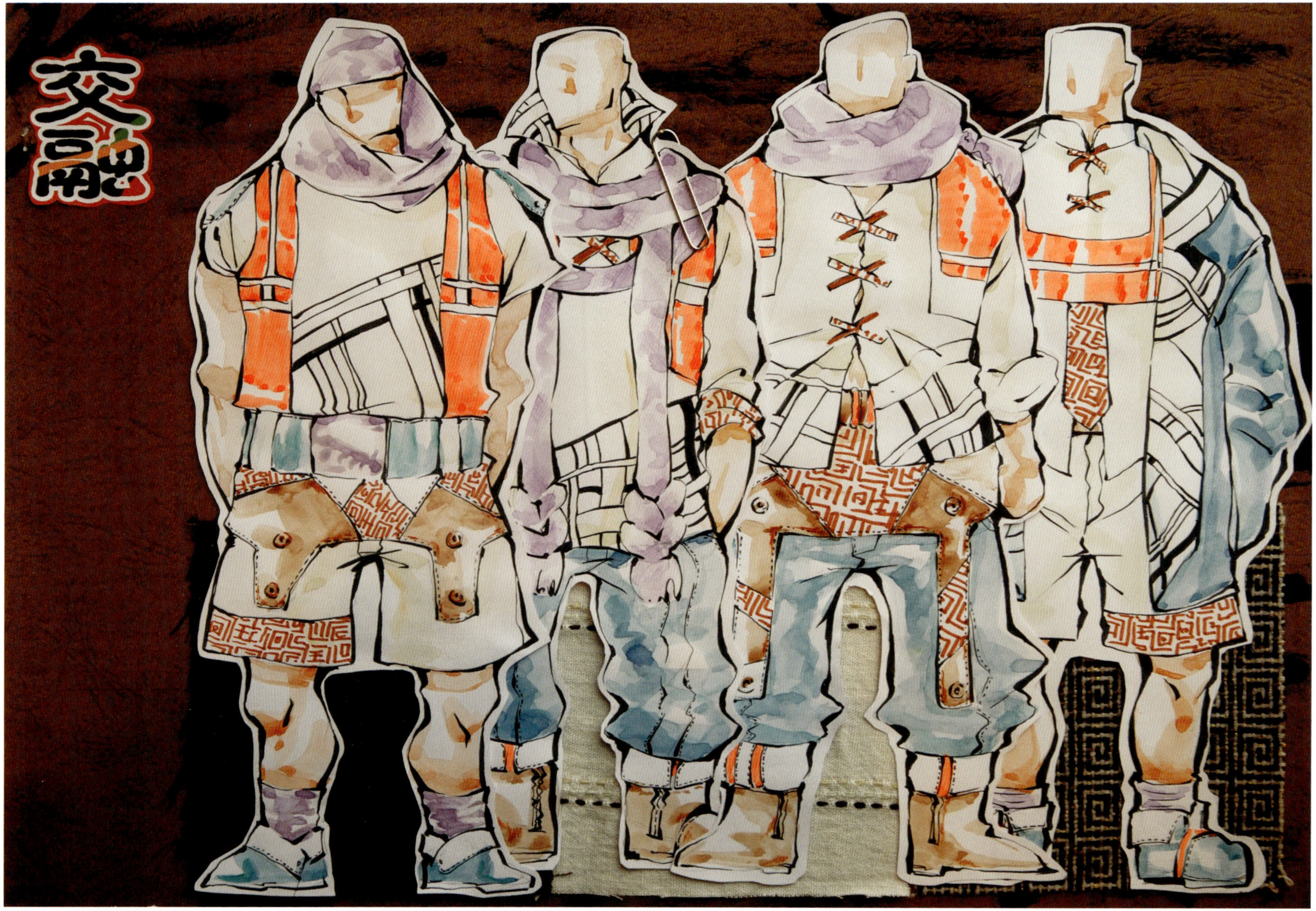

图 054 作品名称：城市雕塑 / 作者：黄君勇、王华钰 / 技法：电脑辅助设计与着色

作者为呼应主题，采用厚重笔触，使人物有较强的雕塑感。服装细节丰富，层次分明，色彩协调统一，有不同材质面料对比刻画，整个画面凝重、有力度感。若人物造型优美一些，效果会更好。

图 055 作品名称：MY LIFE/ 作者：吴培昌、陈晓丰 / 颜料与工具：水彩、钢笔、铅笔　技法：勾线、渲染
本作品表现形式别具一格，人物形象大胆前卫，构图布局巧妙生动，水墨着色畅快淋漓，线条笔触轻松随意，绘画感很强。从表现形式上来看，这是一张很有艺术特点的时尚插画。但作为参赛作品，作者重形式而轻内容，使得款式设计视觉效果较弱，细节交代不清，有点喧宾夺主。

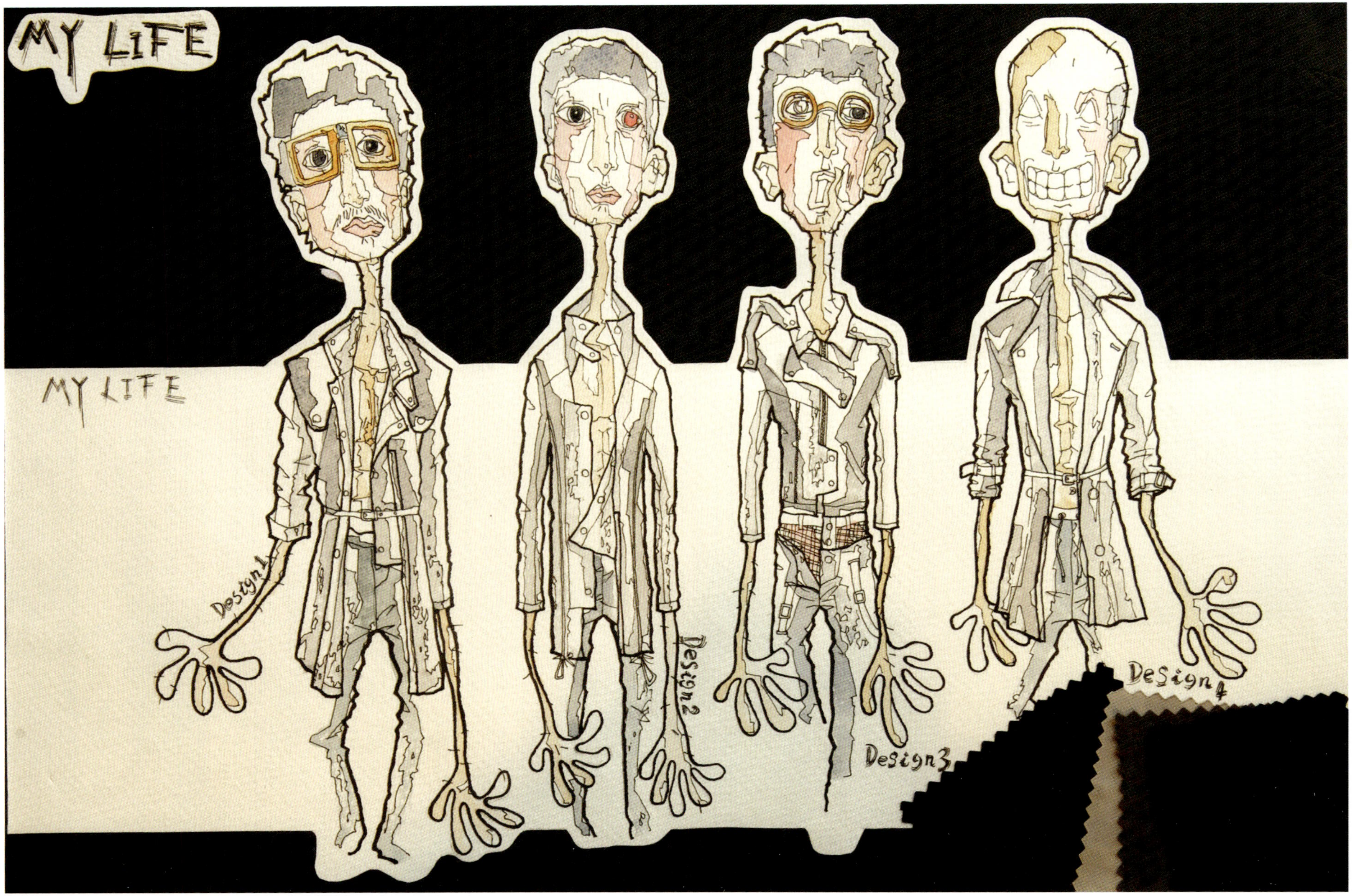

图 056 作品名称：精致 / 作者：宋丹 / 颜料与工具：水彩、钢笔 / 技法：勾线、渲染

本作品以钢笔勾线，线条随意灵动；以水彩渲染着色，墨色洗练大气；人物形态轻松优美，款式设计细节丰富，是一幅不错的作品。

图 057 作品名称：MIXED GENRE/ 作者：茹翔 / 颜料与工具：水彩、钢笔 / 技法：勾线、渲染
作者独辟蹊径，匠心独具，为了突出服装款式，从而淡化人物的表现；线条轻松灵动，明暗层次丰富，色彩搭配协调，比例结构准确，形态生动优美，有一定的时尚艺术感。

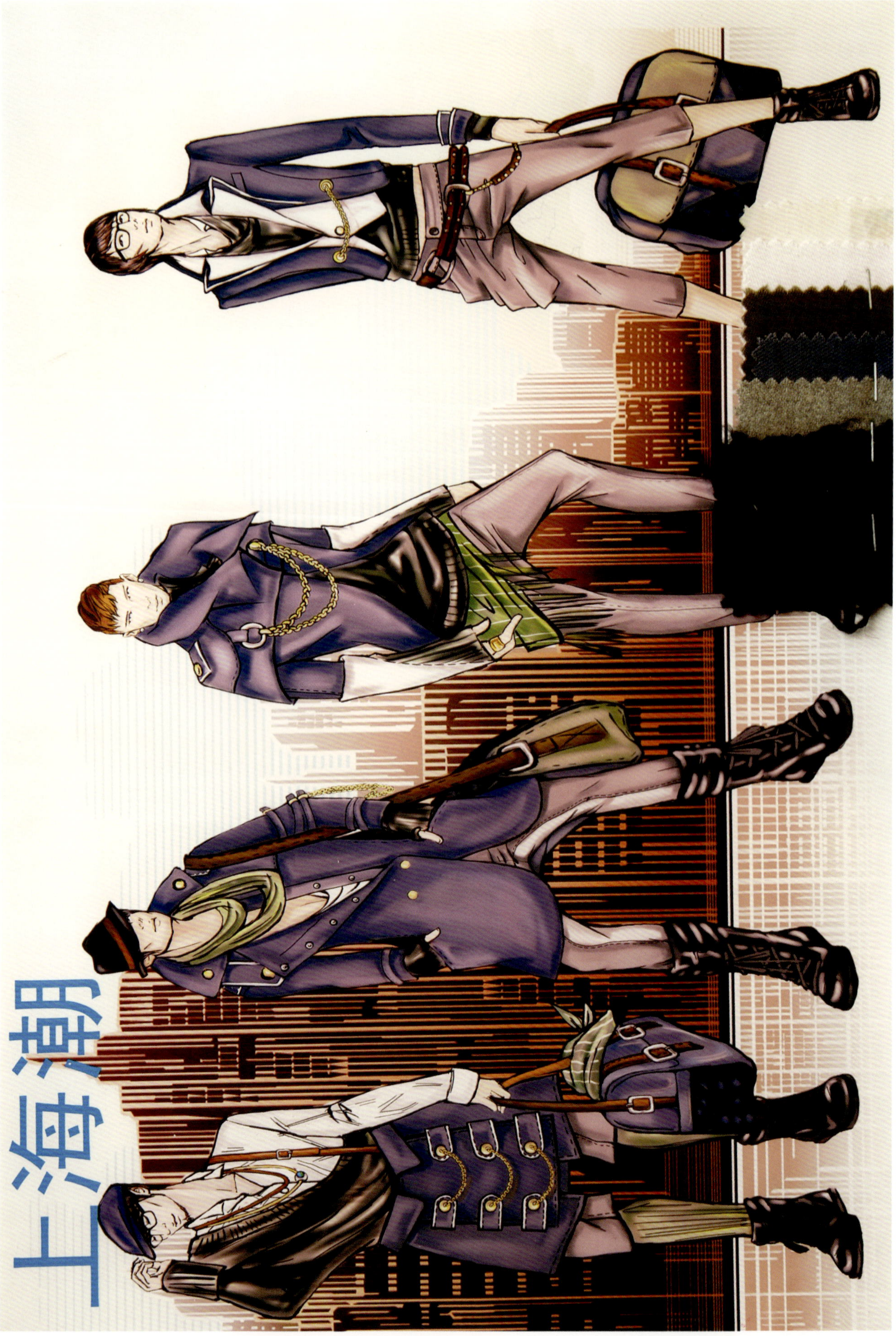

图 058 作品名称：上海潮 / 作者：陈佳 / 颜料与工具：钢笔 / 技法：勾线、电脑辅助着色
这是一幅表现成熟的作品。构图饱满生动，人物动态优美，线条灵动潇洒，背景虚实互换，表现技法堪称完美。

图 059 作品名称：男色诱惑 / 作者：马萌 / 颜料与工具：彩色铅笔、钢笔 / 技法：勾线、渲染

本作品以钢笔勾线，彩色铅笔着色，构图平稳，风格独特；服装结构表达基本清晰，人物刻画简单，肢体略显刻板，有待调整。

图 060 作品名称：投影 / 作者：谢学源、赵春梅 / 颜料与工具：钢笔 / 技法：勾线、电脑辅助着色

本作品以钢笔勾线，电脑辅助着色；人物比例夸张，动态稍显生硬；服装细节丰富，层次分明；整个作品，主体突出，背景处理恰到好处。

图 061 作品名称：传递……/ 作者：邹志勇、段炼 / 颜料与工具：油画棒、马克笔、钢笔 / 技法：勾线、渲染

本作品完全借助电脑完成。个性鲜明，别具一格，设计时尚前卫，人物比例夸张，线条洗练，有力度感，色彩纯粹、有对比感，背景简单有协调感，整幅作品具有独特的个人风格。

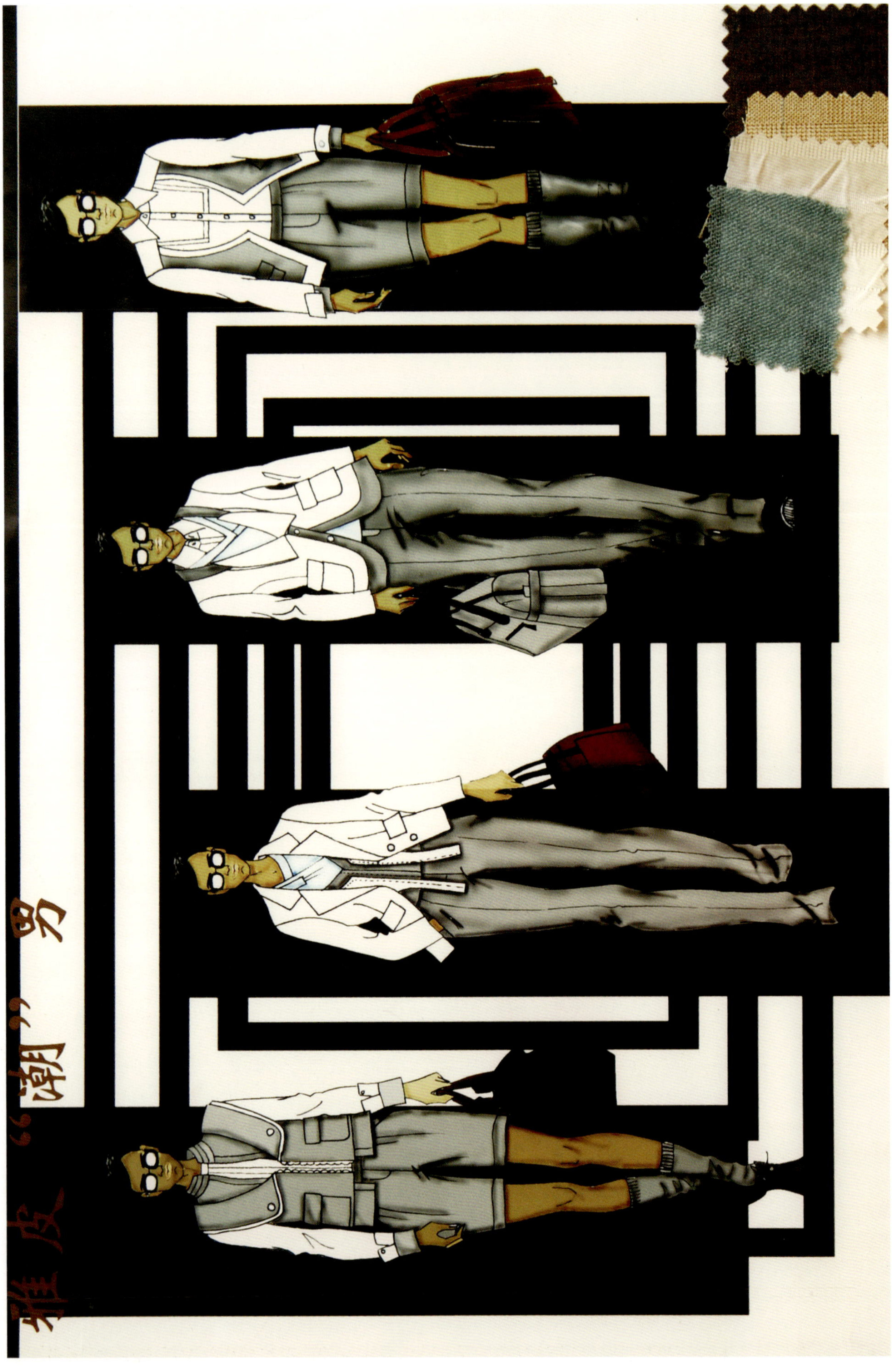

图 062 作品名称：雅皮“潮”男 / 作者：韩守星 / 颜料与工具：钢笔 / 技法：勾线、电脑辅助着色

本作品系列感强，风格统一。以钢笔勾线，线条硬朗、洒脱且有力度；款式有细节变化，结构完整清晰；背景线面结合，简洁有力地衬托了服装。

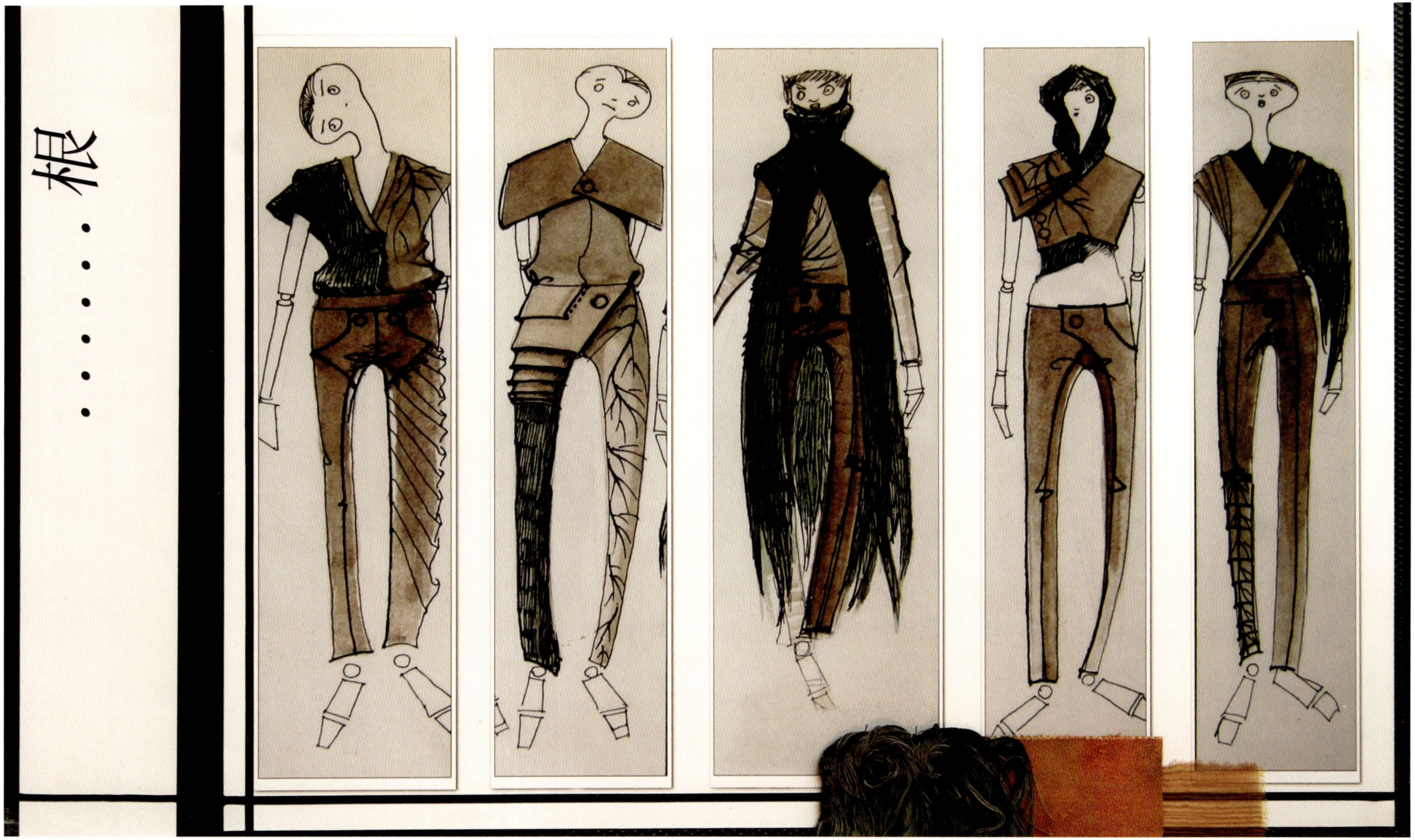

图 063 作品名称：根 / 作者：喻剑 / 颜料与工具：水彩、钢笔 / 技法：勾线、渲染
此系列作品具有特色：有速写式的风格，作者随性洒脱的表现，线条畅快有力，着色轻松随意，人物简洁诙谐，画面轻松且具艺术表现力。如果人体比例结构把握更准些会更加出色。

图 064 作品名称：城市，在路上 / 作者：冯志学 / 技法：电脑辅助设计

本作品借助电脑完成。构图完整， 主体突出，服装结构表达基本清晰。人物造型较自然，但肢体比例有待完善，画面缺少视觉中心，人物处理简单，可做进一步刻画。

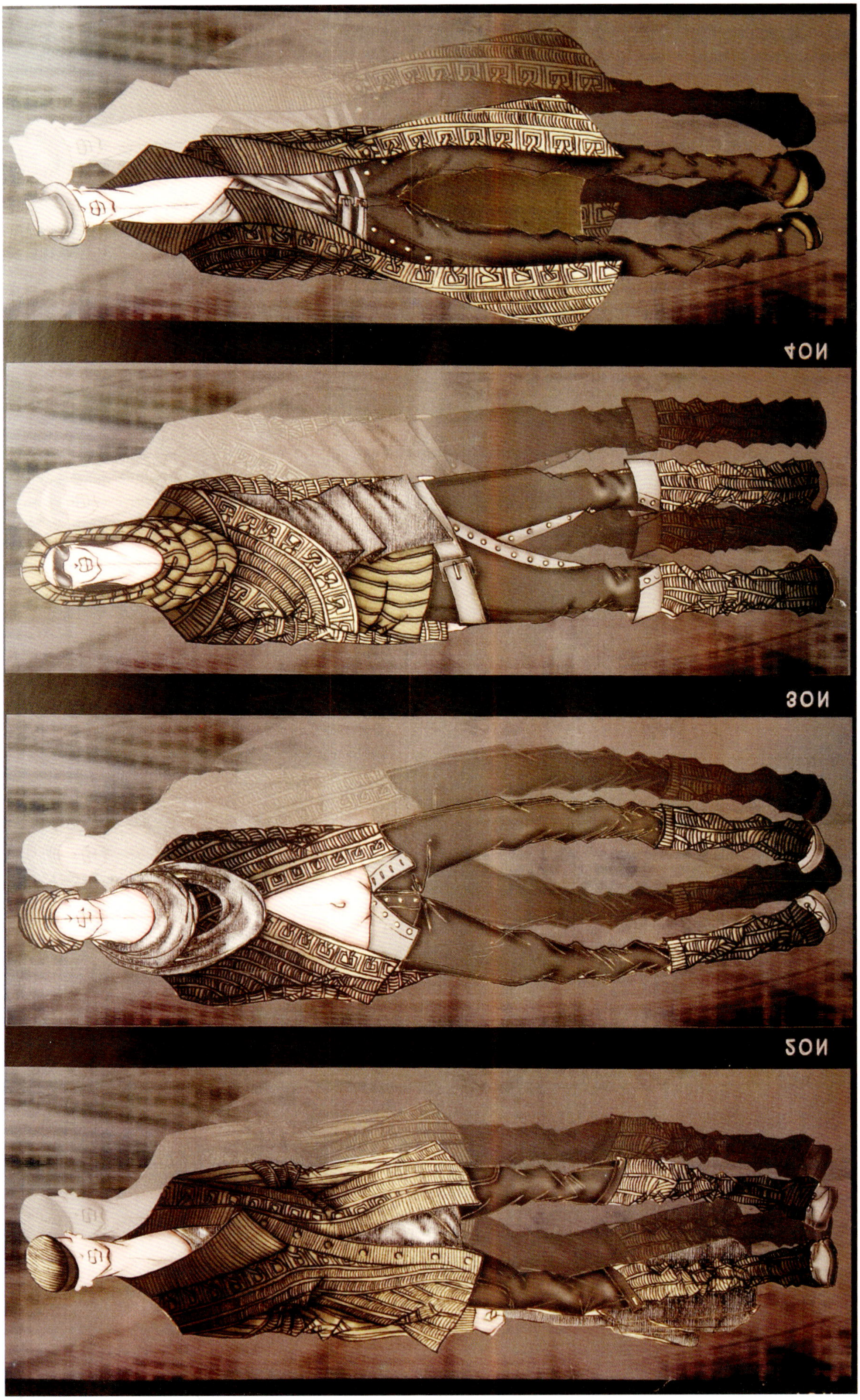

图 065 作品名称：华魂盛典 / 作者：佚名 / 技法：电脑辅助设计

本作品有一定的形式美感，细致的服饰纹理刻画，统一色系、变化的结构等，都有较好的表现，但人物造型省略了手的部分，稍显生硬。

黑白霓虹

B&W NEON

设计说明

高亮度的霓虹色系是黑白色调的装饰法宝，在色彩美学的点缀下一抹翠绿或艳红更具雕塑感，为人们带来充满未来注意气息的新风貌，“前卫”“浪漫”“都市”但又不失民族风格。色彩定位以黑色为主，材料多采用天然纤维，保暖性强，有弹性穿着随意。在过于迅猛的城市化的进程中，雷同俗魅的城市化模式让人深感恐慌和寂寞。《惊艳独享》所遵循的就是自然纯朴，舒适性强又有浓厚民族气息的设计理念。

图 066 作品名称：黑白霓虹 / 作者：栾戈伟 / 颜料与工具：水粉、马克笔、钢笔 / 技法：勾线、渲染

本作品构图平稳，调式和谐，主体突出，细节丰富。服装结构表达清晰，有一定质感和体量感。但不足之处是线条厚重，不够轻松，人物局部造型需进一步完善。

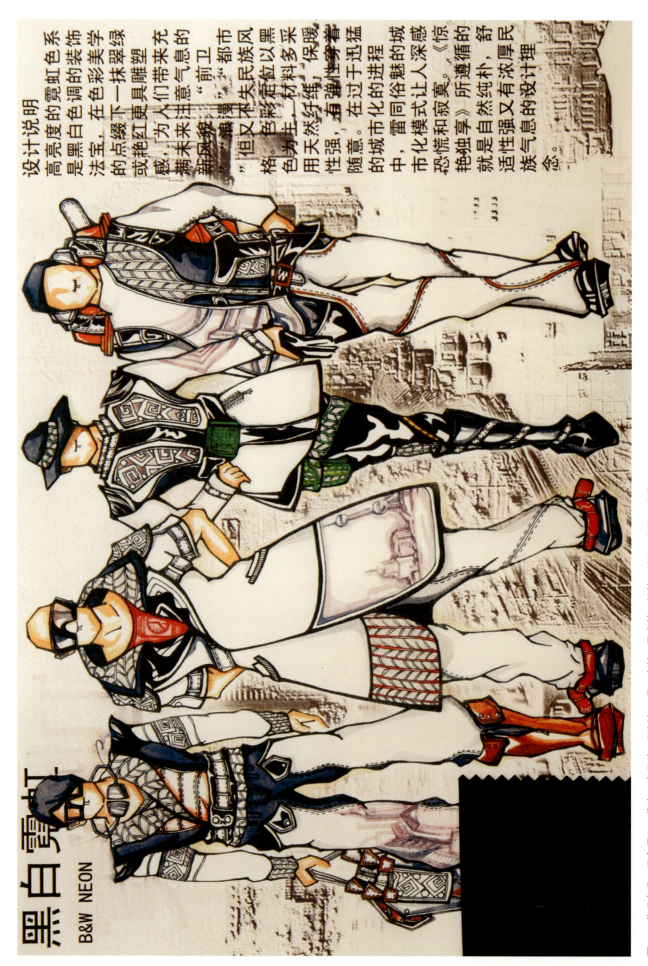

图067 作品名称：Eastern Cowboy／作者：陈珏磊／颜料与工具：马克笔、钢笔／技法：勾线、渲染

本作品构图稳定，主体突出，服装结构表达基本清楚，有一定层次感；调式较和谐；人物造型较独特，肢体比例较准确。从画面明暗、线条疏密排列、留白透气多少等可看出作者驾驭马克笔的表现能力有待提高。

图 068 作品名称：融 / 作者：佚名 / 技法：电脑辅助设计与着色

本作品手法严谨，人物造型生动，构图平稳，层次分明，主体突出，服装结构表达清晰。比较突出的是作者对丰富细节的把握与刻画能力，人物、服装、图案都有细致的表现，技法娴熟，值得借鉴。

图069 作品名称：Pink & Man / 作者：佚名 / 颜料与工具：钢笔 / 技法：勾线、电脑辅助着色

本作品构图完整，层次分明，主体突出，调式和谐；服装结构表达基本清晰；设色明快；人物造型较为生动，肢体比例基本协调。

图 070 作品名称：眩 / 作者：朱茂斌 / 颜料与工具：钢笔 / 技法：勾线、电脑辅助着色

本作品风格独特，模特比例夸张，线条干练奔放，主题鲜明，构图完整，主体突出。服装结构表达基本清晰，设色稳重协调。

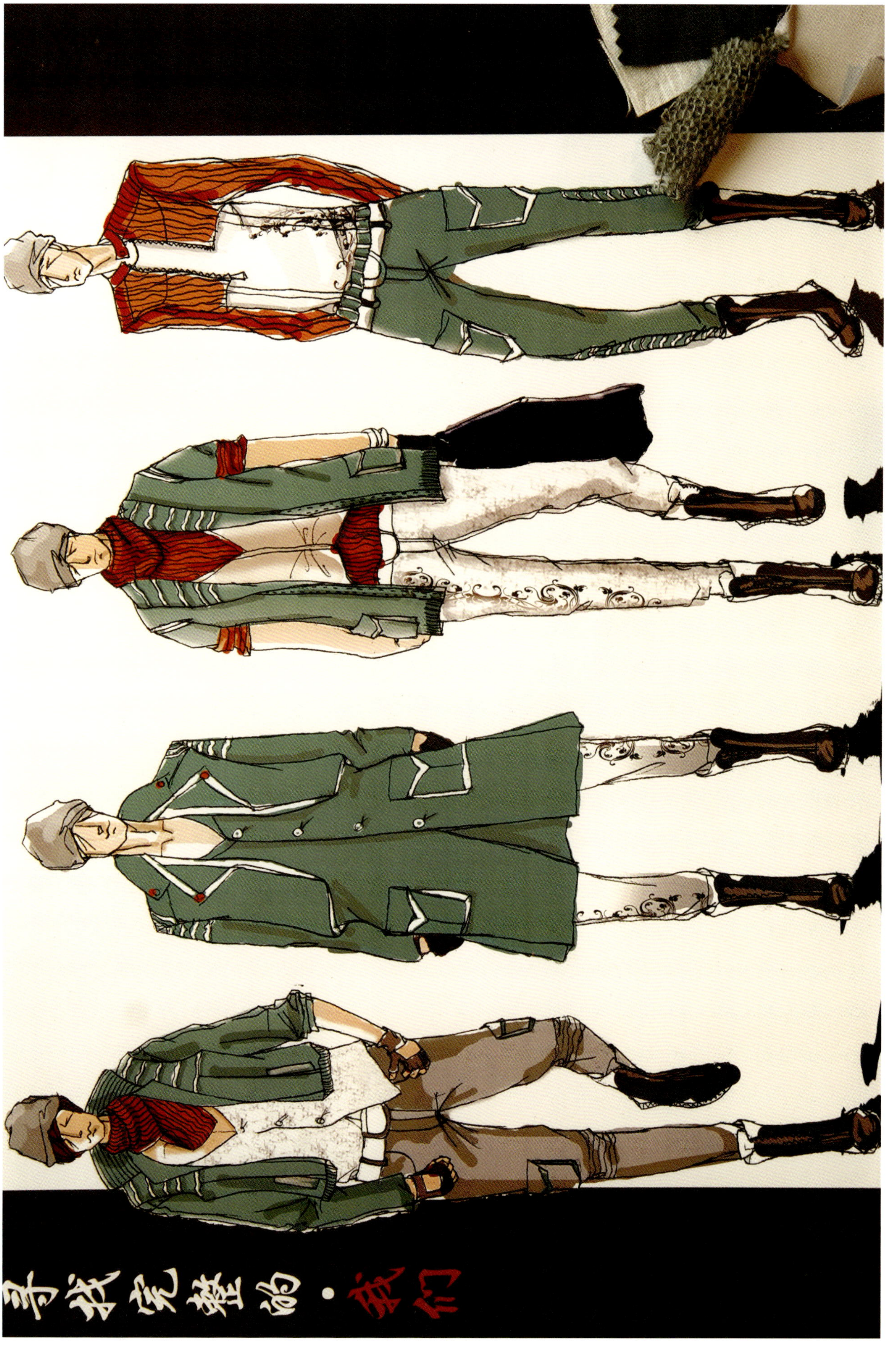

图 071 作品名称：寻找完整的·我们 / 作者：张乃强、郭宇翔 / 颜料与工具：钢笔 / 技法：勾线、电脑辅助着色

本作品表现轻松随意，色彩对比大胆、轻松明快，背景简洁，较能烘托主体氛围。

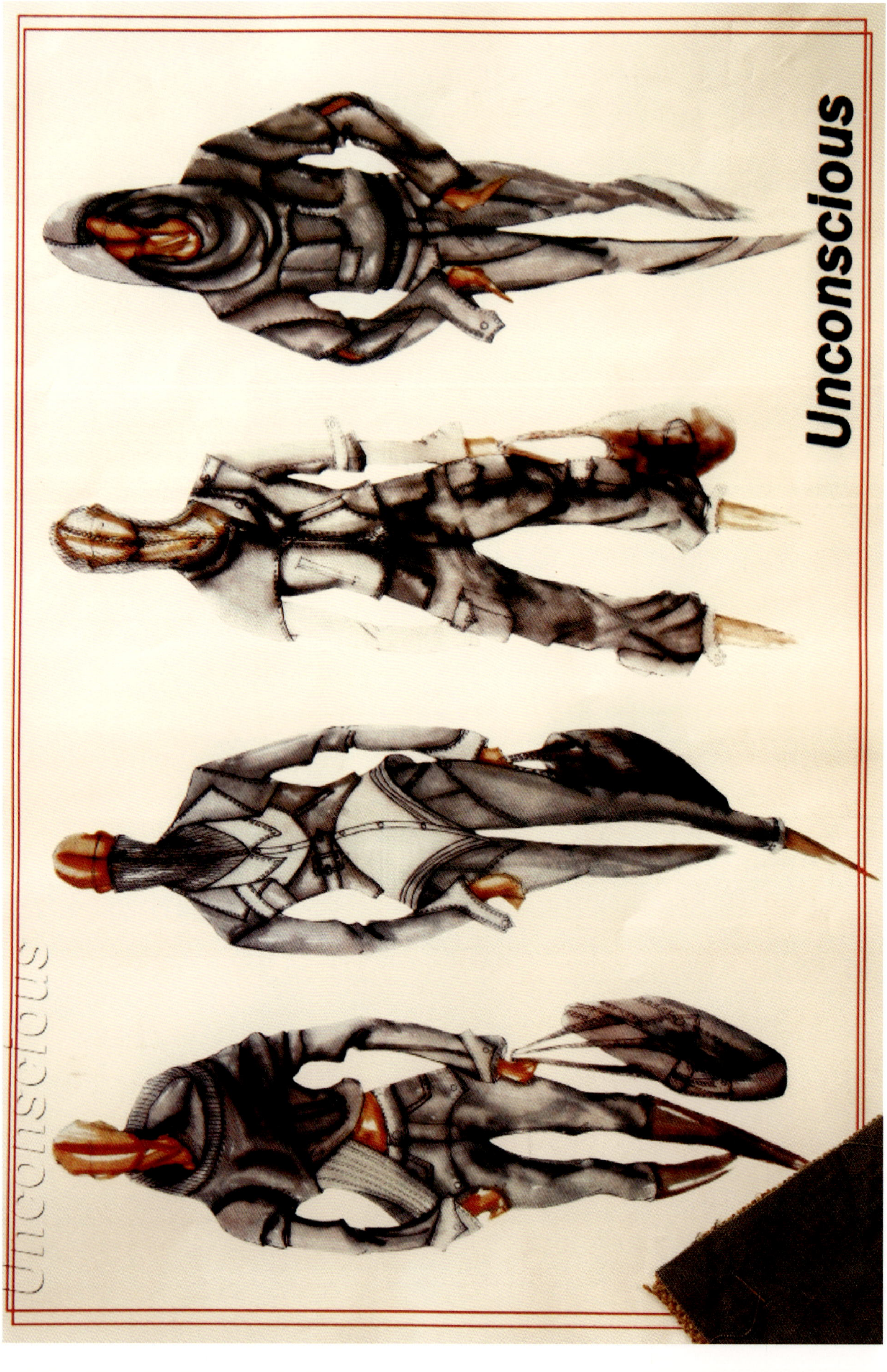

图 072 作品名称：Unconscious/作者：佚名/颜料与工具：水彩、马克笔、钢笔/技法：勾线、渲染

本作品构图完整，层次分明，主体突出；服装结构表达清晰，设色明快；人物造型较自然，肢体比例基本协调。若再有些画龙点睛的刻画，则会让画面更生动。

图 073 作品名称： 玄武 / 作者：佚名 / 颜料与工具：马克笔、钢笔 / 技法：勾线、渲染

本作品以钢笔勾线，采用粗细不同的线条，来细致入微地刻画丰富的款式细节，并稍施明暗，恰到好处。人物形态优美，单一的动态，夸张的表情，“酷”劲十足。设计有特点，细节丰富，手法洗练，款式大气中有重点、简洁中有细节，有一定的艺术表现力。

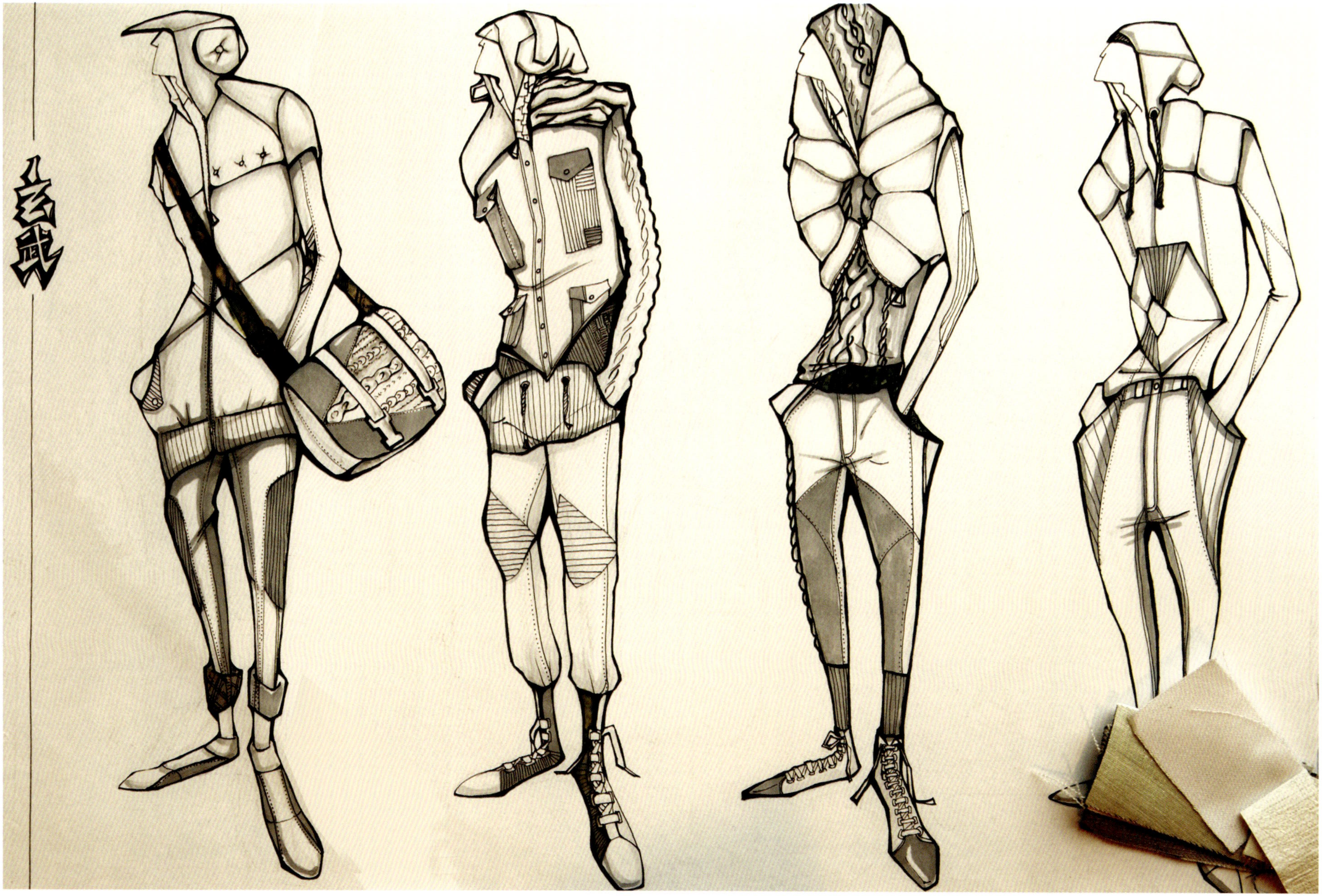

图 074 作品名称：Better International Hotel and Better Life Better City / 作者：佚名 / 技法：电脑辅助设计与着色

本作品借助电脑完成，色彩协调，整体气氛较好。作者以线面的方式表现服装和人物，整体处理过于平面化，细节表现不足，让人不能完整领会设计者的意图。

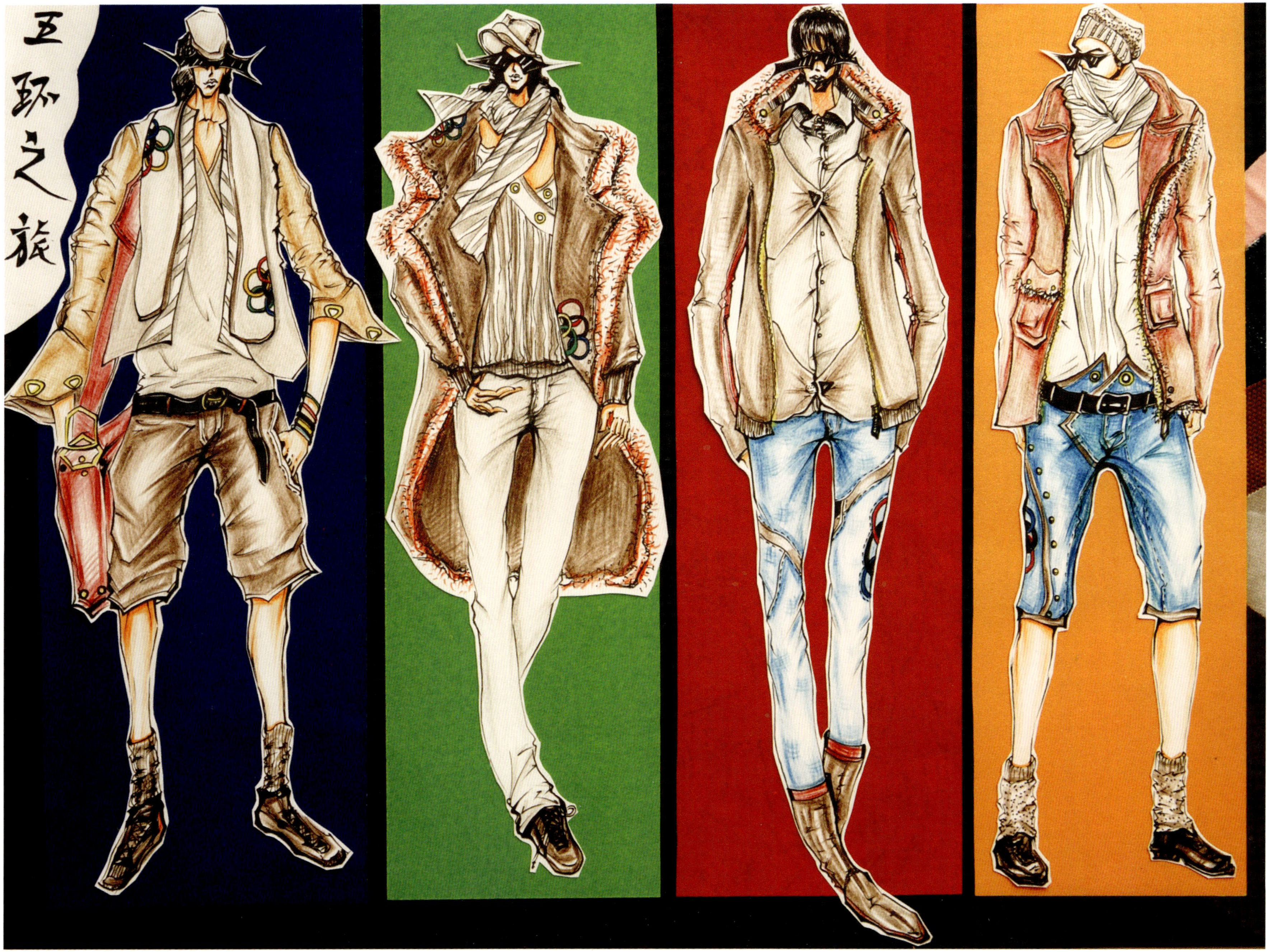

图 075 作品名称：五环之旅／作者：佚名／颜料与工具：彩色铅笔、钢笔／技法：勾线、渲染

本作品以钢笔勾线，彩色铅笔细致刻画；画法细腻，衣褶与面料的质感表现较好，层次丰富；人物造型夸张，但局部比例不准确。

图 076 作品名称：异域 / 作者：陈平 / 颜料与工具：马克笔、钢笔 / 技法：勾线、渲染

这是一幅看似设计草图的作品。作者不施雕饰，直奔主题，在相同的动态模特上表现不同的款式与变化的结构，一抹黄色头发给整个画面增添了一些亮丽，但整个作品还是略显草率，细部结构表现有待加强。

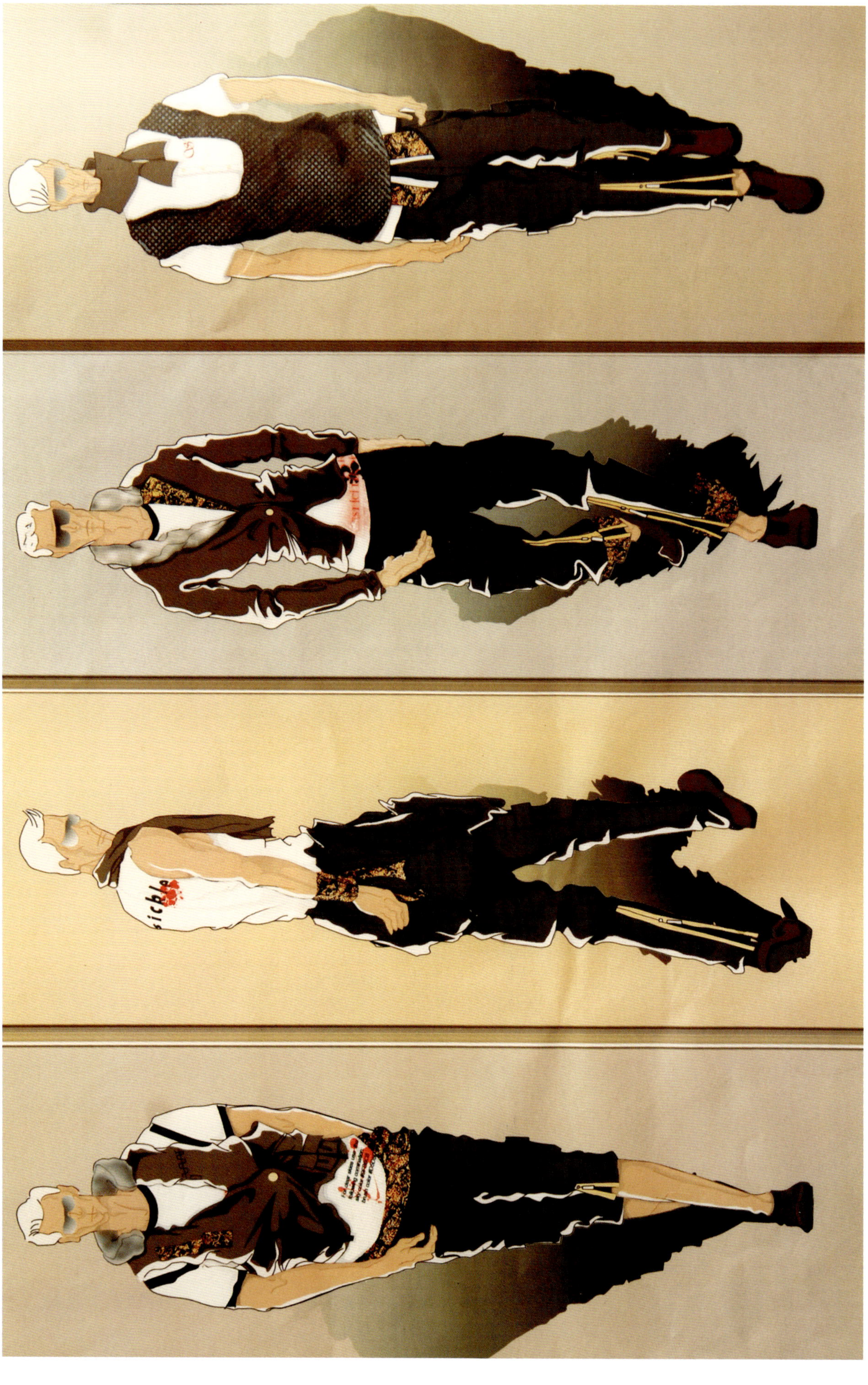

图077 作品名称：Men’s / 作者：朱傲、孙密 / 技法：电脑辅助设计与着色

本作品运用电脑完成，手法比较娴熟。作品构图饱满，背景简洁，很好地烘托了主体。人物表情夸张，造型别致，艺术效果明显。作者能够抓住主次，兼顾整体，用轻松随意的线条来刻画丰富多变的衣褶纹理，使休闲自然的风格跃然于纸上。

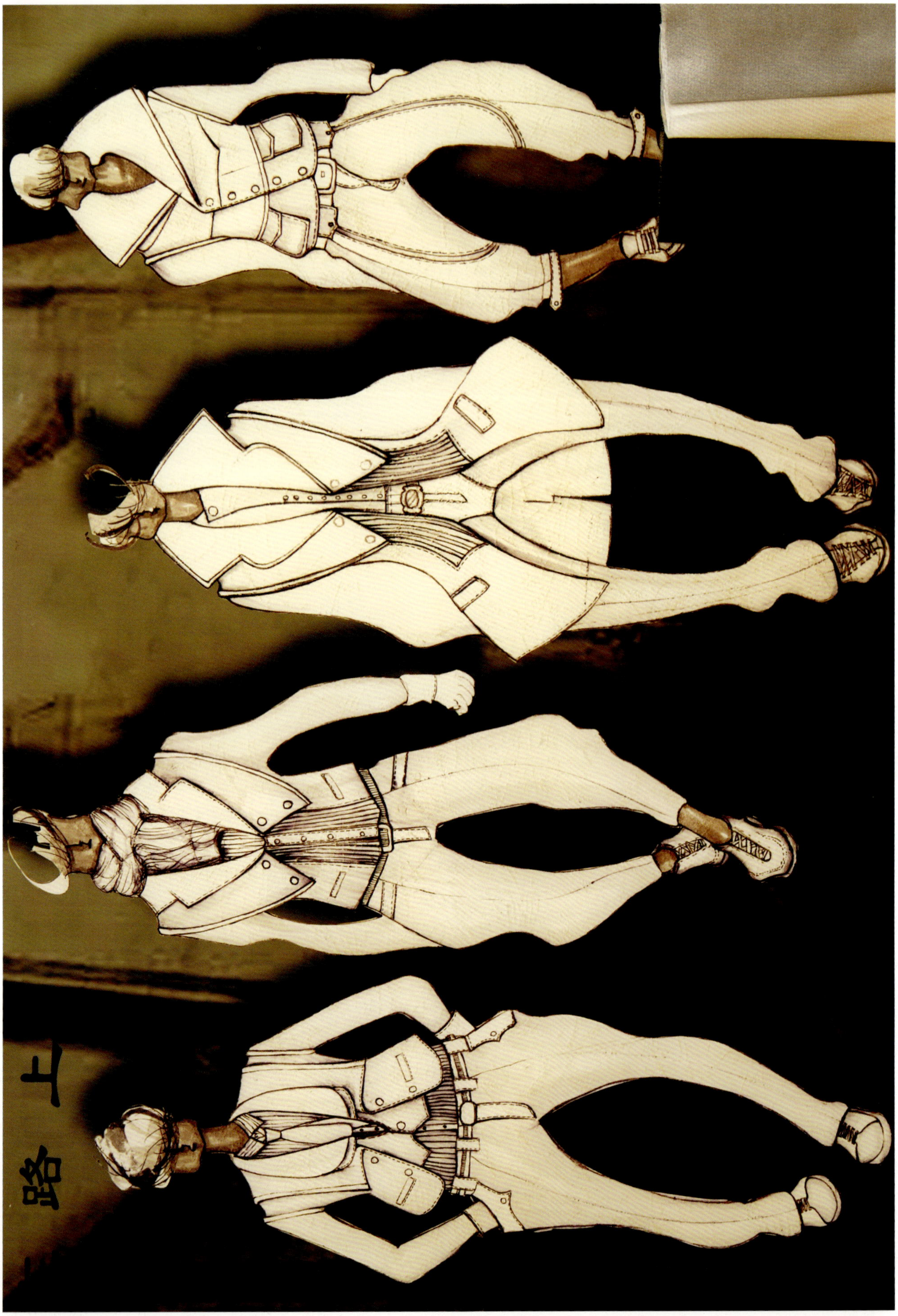

图 078 作品名称：在路上 / 作者：宁浴超 / 颜料与工具：水彩、钢笔 / 技法：勾线、渲染、背景电脑处理

本作品系列感强，风格统一。以钢笔勾线，线条硬朗、洒脱且有力度，款式有细节变化，结构完整清晰；配色上独具匠心，深色的背景用来衬托无彩色服装，简洁明了且突出重点，但局部造型有待进一步完善。

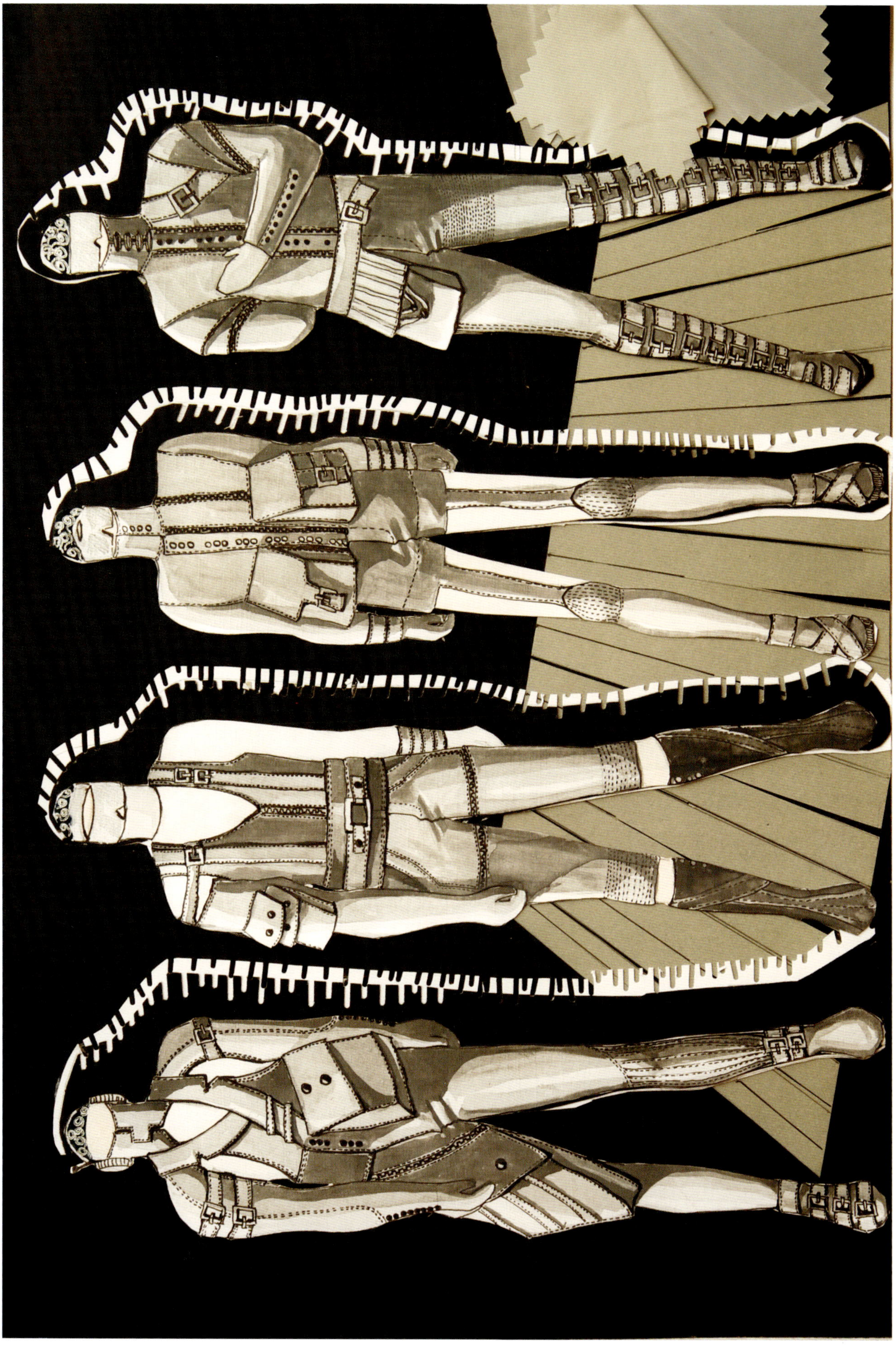

图 079 作品名称：狂克王国 / 作者：栾绍娜 / 颜料与工具：水彩、钢笔 / 技法：勾线、渲染

这是一幅有点"酷炫"的作品，画面形式感强，构图完整，色调统一，层次分明。设计风格表达明确，展现出了一定的时尚感。款式细节与服装结构是表达重点，但不足之处是人物肢体结构有失精准。

图 080 作品名称：登月／作者：佚名／颜料与工具：水粉、钢笔／技法：勾线、渲染

这是一幅轻松随意的作品，从中可见作者绘画功力。作品去繁化简，人物动态简单，线条流畅，笔触轻松，注重高光的留白与衣褶表现。

图 081 作品名称：佚名 / 作者： 佚名 / 颜料与工具：水粉、铅笔 / 技法：勾线、渲染

这是一幅用水粉表现的作品，构图完整，调式和谐，主体突出；服装结构表达清晰，设色轻快；人物造型生动，肢体比例基本协调；背景简洁，与主体形成对比，给画面增色不少。

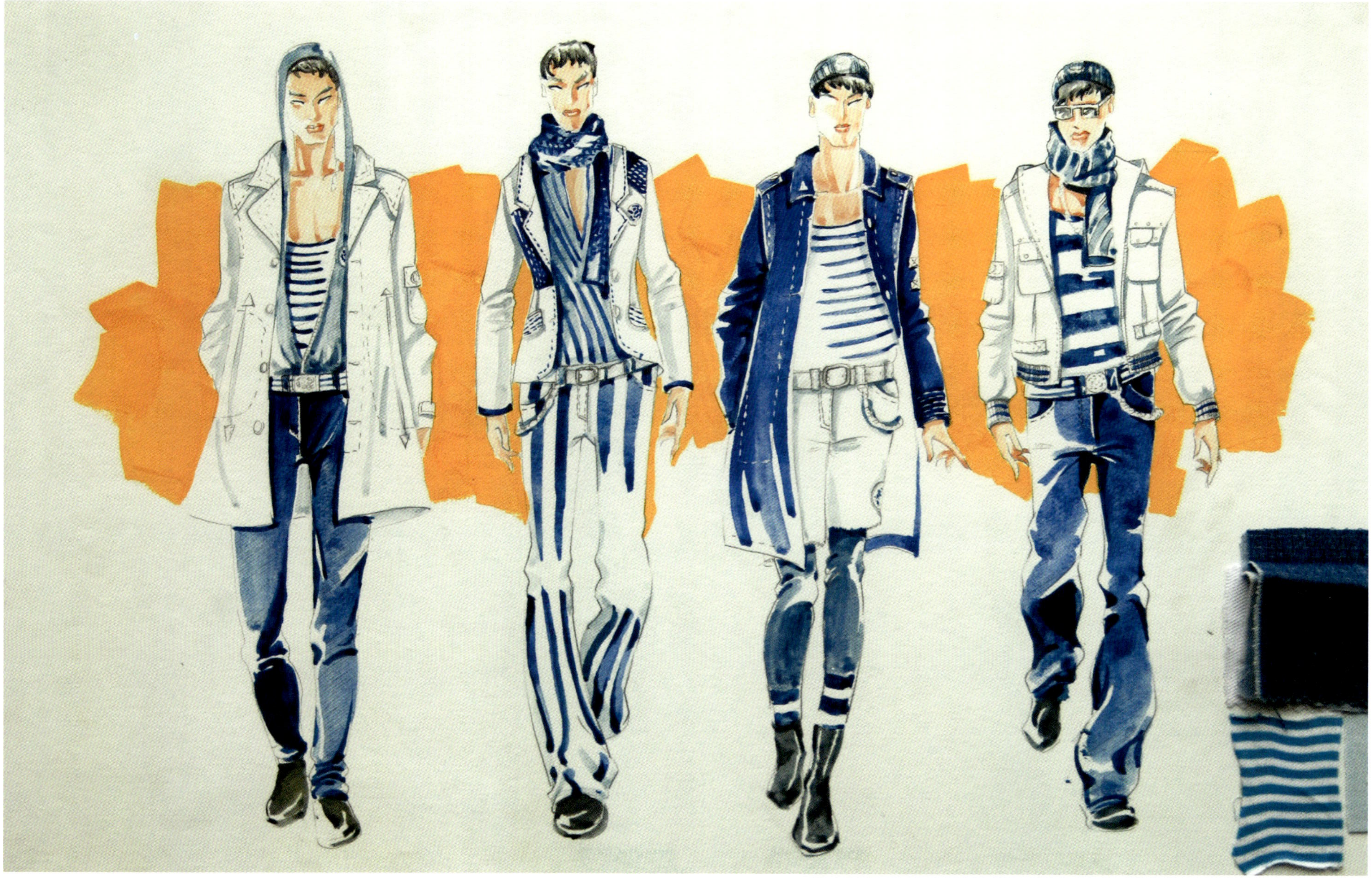

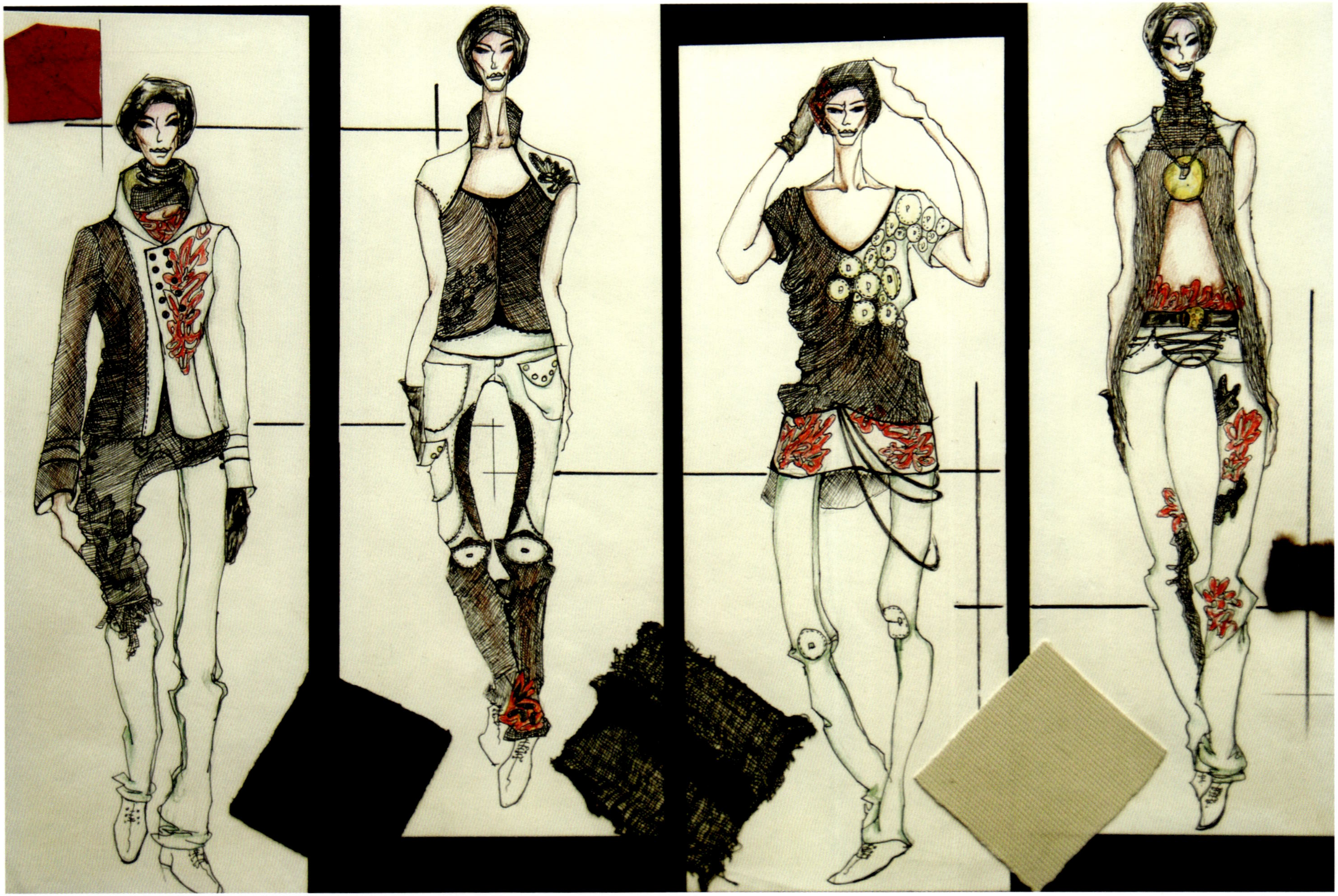

图 082 作品名称：花样男 / 作者：佚名 / 颜料与工具：油画棒、钢笔 / 技法：勾线、素描
本作品以钢笔勾线，油画棒着色；人物形态优美，设计有特点，细节丰富；用钢笔硬线条表现深色面料，具有一定的特殊质感；但不足之处是肢体比例需进一步完善。

图 083 作品名称：TALLO/ 作者：佚名 / 颜料与工具：钢笔 / 技法：勾线、电脑辅助着色

本作品构图完整，主体突出；服装结构表达清晰，有一定质感；设色亮丽，笔触畅快，调式基本和谐；人物造型丰富，时尚感强。

图 084 作品名称：Happy Time / 作者：胡大鹏 / 颜料与工具：钢笔 / 技法：勾线、电脑辅助着色

此幅作品很有趣，其特点在于省略了人体，但还是按照人物动态来表现整体的服饰搭配。服装色彩亮丽，冷暖对比，背景简洁，采用了电脑处理。

图 085 作品名称：龙运 / 作者：夏敬 / 技法：电脑辅助设计

本作品由电脑辅助设计完成，采用线面结合法为主的表现。人物动态轻松，款式交代清楚，细节刻画生动，图案细致入微，足见作者娴熟的技法与表现能力。

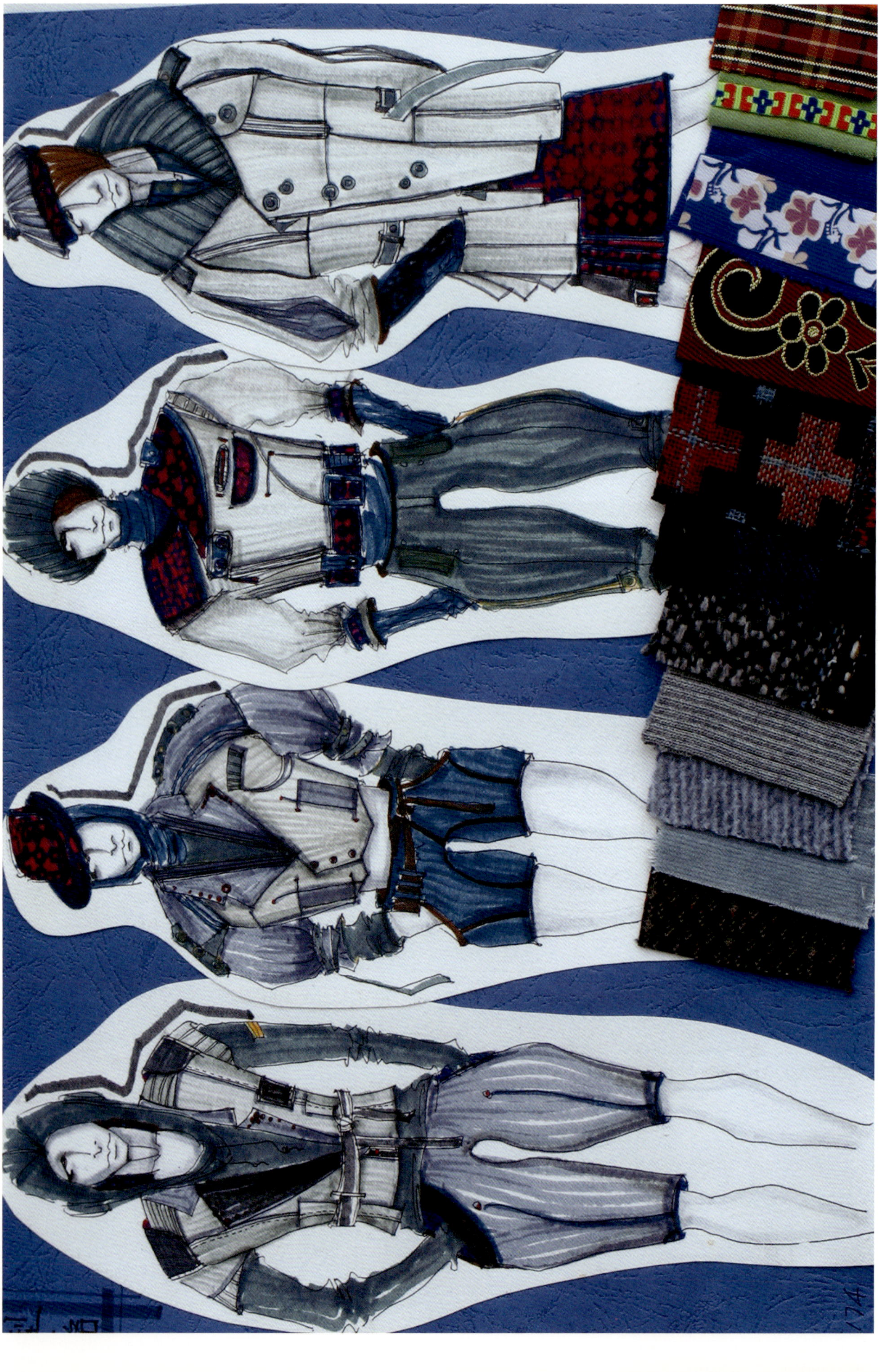

图 086 作品名称：型·格 / 作者：张宇 / 颜料与工具：马克笔、钢笔 / 技法：勾线、渲染
本作品采用钢笔勾线、马克笔着色，人物情态夸张，略施明暗于肤色，画面轻松洒脱，整体协调，细节丰富，别具特色。

图 087 作品名称：Horseman/ 作者：何思明、巢锦昌 / 颜料与工具：钢笔 / 技法：勾线、电脑辅助着色

本作品颇具形式美感，构图准确，线条流畅有力，技法娴熟；人物动态结构较准确，比例夸张，背景简洁，虚实结合，很好地烘托了主体；款式表现较丰富，能够抓住主次，兼顾整体。

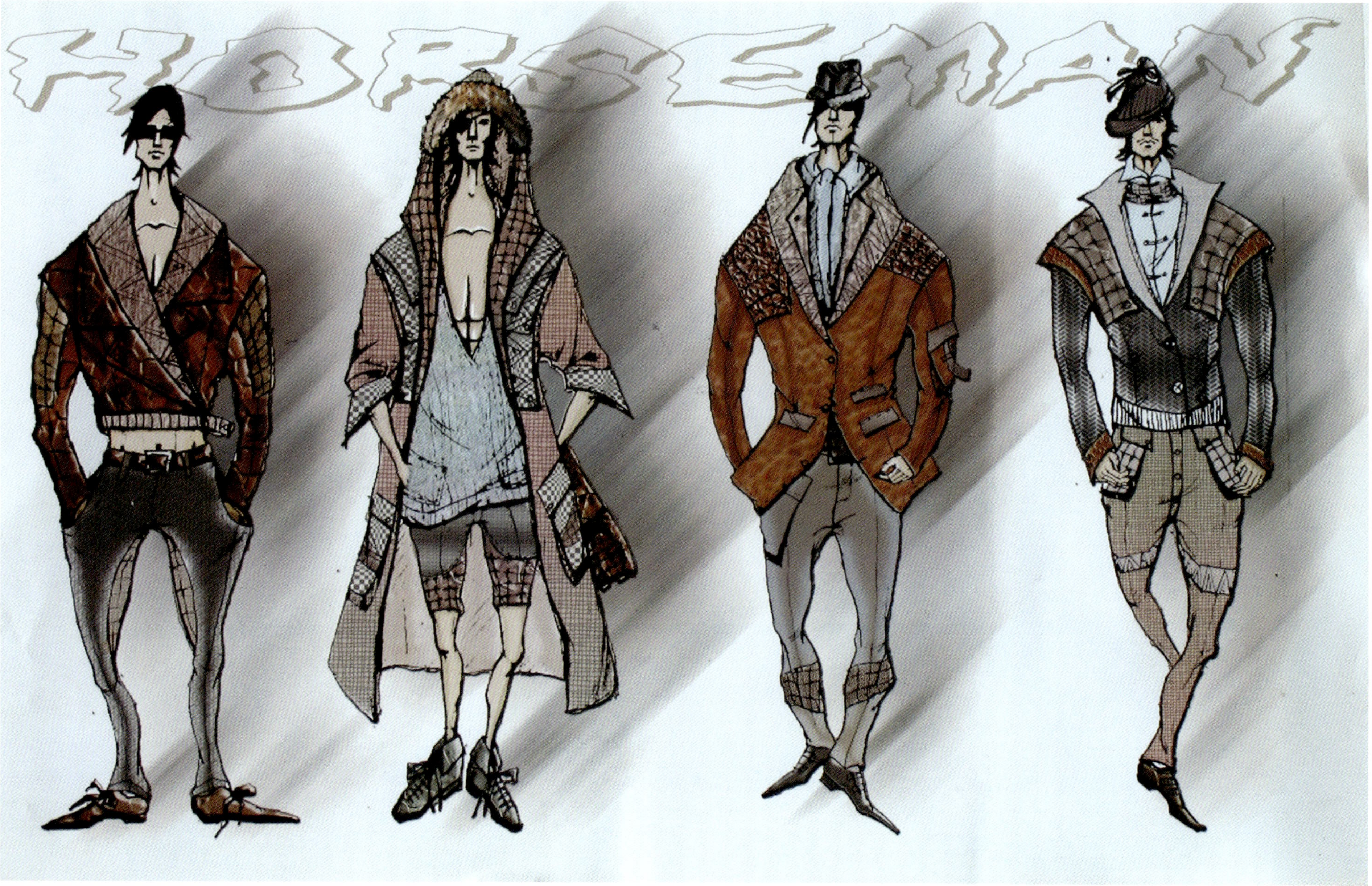

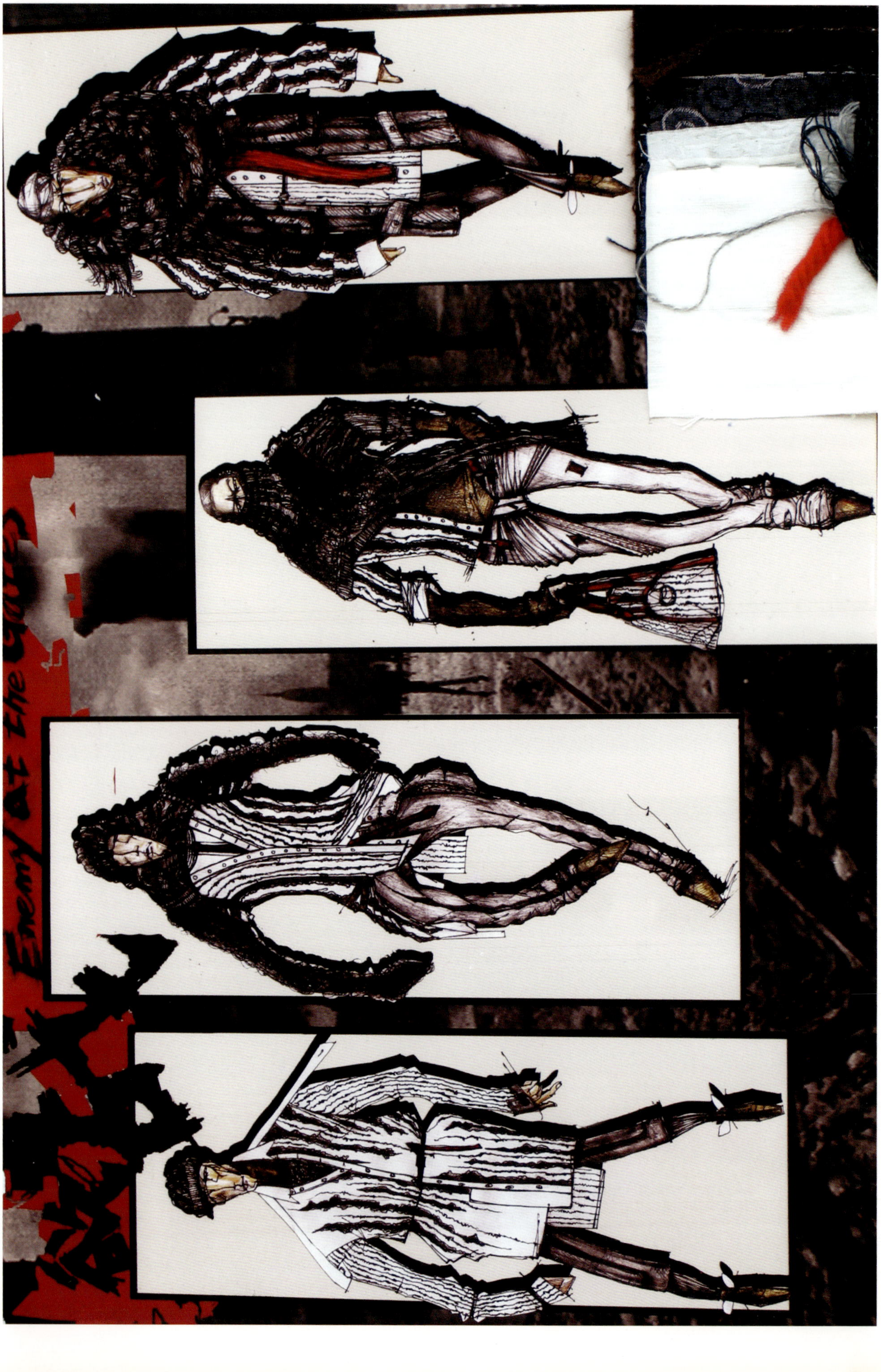

图 088 作品名称：欲战 / 作者：刘荔兴、覃春杰 / 颜料与工具：水彩、钢笔 / 技法：勾线、渲染

此系列作品很有特色，有速写式的风格，作者随性洒脱的表现，线条畅快有力，着色轻松随意，肌理刻画粗犷，画面轻松且具艺术表现力。如果人体比例结构把握更准些，会更加增色不少。

图 089 作品名称：奥运之旅 / 作者：周立华 / 颜料与工具：钢笔 / 技法：电脑辅助设计

本作品构图完整，风格独特，色调明快；服装结构表达基本清晰；人物造型较自然有趣。作品以钢笔勾线，电脑辅助着色，画风严谨，动态丰富，细节可呈。

图 090 作品名称：聚焦 39N- 北京 / 作者：齐斌、杨伟智 / 颜料与工具：钢笔 / 技法：勾线、电脑辅助着色

本作品借助电脑完成，人物造型干净利落，服饰线条遒劲有力，着色潇洒，色系协调，整体感觉一气呵成，颇有表现功力。

图 091 作品名称：加冕 / 作者：岳茂坤、殷煜喆 / 技法：电脑辅助设计

这是一幅形式感很强的作品。作者尝试用传统的元素演绎现代时尚，整幅作品都由电脑完成。作者故意简化人物动态，运用几何手法来表现，富有个性特点。

图 092 作品名称：超现实空间 / 作者：李娜娜 / 颜料与工具：钢笔 / 技法：勾线、电脑辅助完成

本作品以钢笔勾线，电脑辅助着色。运用透视手法构图，人物形态优美，设计有特点，细节丰富，不同质感形成对比。但不足之处在于不同材料的运用衔接不够好，稍显生硬。

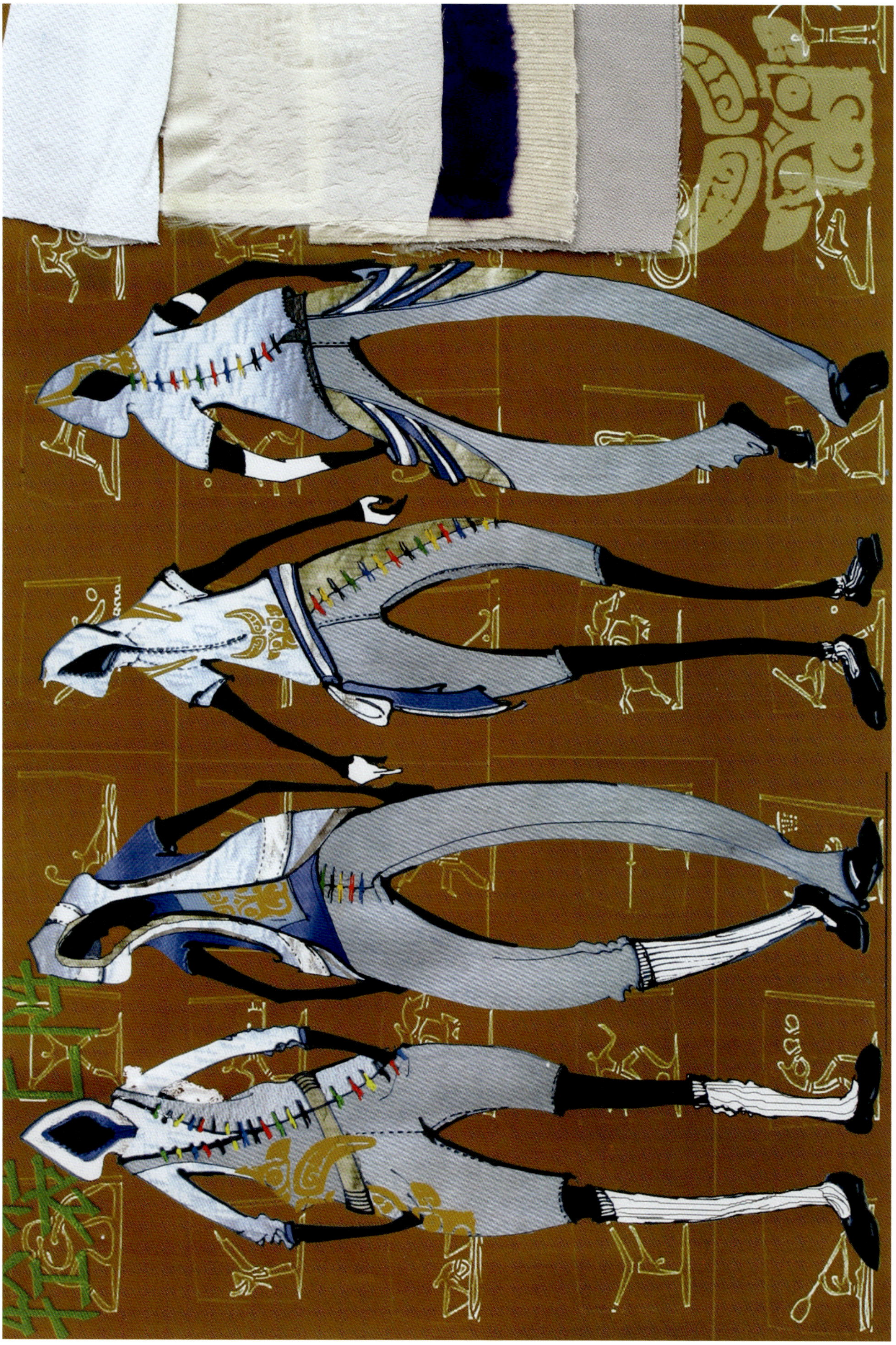

图 093 作品名称：轻装上阵 / 作者：彭宇恒 / 颜料与工具：水粉、钢笔 / 技法：勾线、渲染

本作品款式结构一目了然，设计重点除了创新的款式廓型外，装饰传统的图案也是其主要特点，在表现上省略了繁琐的人体，做到最简单化，整体画面简洁大方而重点突出。

图 094 作品名称：鸽子情缘 / 作者：谭小坤 / 颜料与工具：彩色水笔、钢笔 / 技法：勾线、素描

这是一幅创意感很强的作品，用彩色水笔完成。作品偏重艺术性与表现力，款式独特有新意，色彩浓艳而协调，形象夸张而有趣，有一定的视觉冲击力，适合一些创意型比赛。

图 095 作品名称：POP 2008 / 作者：田姝雯 / 颜料与工具：水彩、马克笔、钢笔 / 技法：勾线、渲染

本作品的亮点在于特殊的肌理表现与细节的刻画。以钢笔勾线、水彩着色，再用马克笔勾出面料的表面效果，画法细腻、风格严谨、一丝不苟。人物形态优美，设计有特点，色彩亮丽，细节丰富，给人耳目一新之感。

图096 作品名称：橄榄球之战／作者：徐清夷／颜料与工具：钢笔／技法：电脑辅助表现

这是一幅由电脑辅助完成的作品。构图平稳，主题鲜明，重点突出；服装结构表达清晰，层次分明，有一定的质感；款式细节丰富，表现手法严谨。

图 097 作品名称：飞翔 / 作者： 邢刚、刘翠 / 颜料与工具：水粉、毛笔 / 技法：勾线、渲染、电脑辅助设计

本作品构图完整，调式和谐，主体突出；服装结构表达清晰，但质感表现不足；配色明快、对比强烈；人物造型富有变化，但肢体略显生硬。

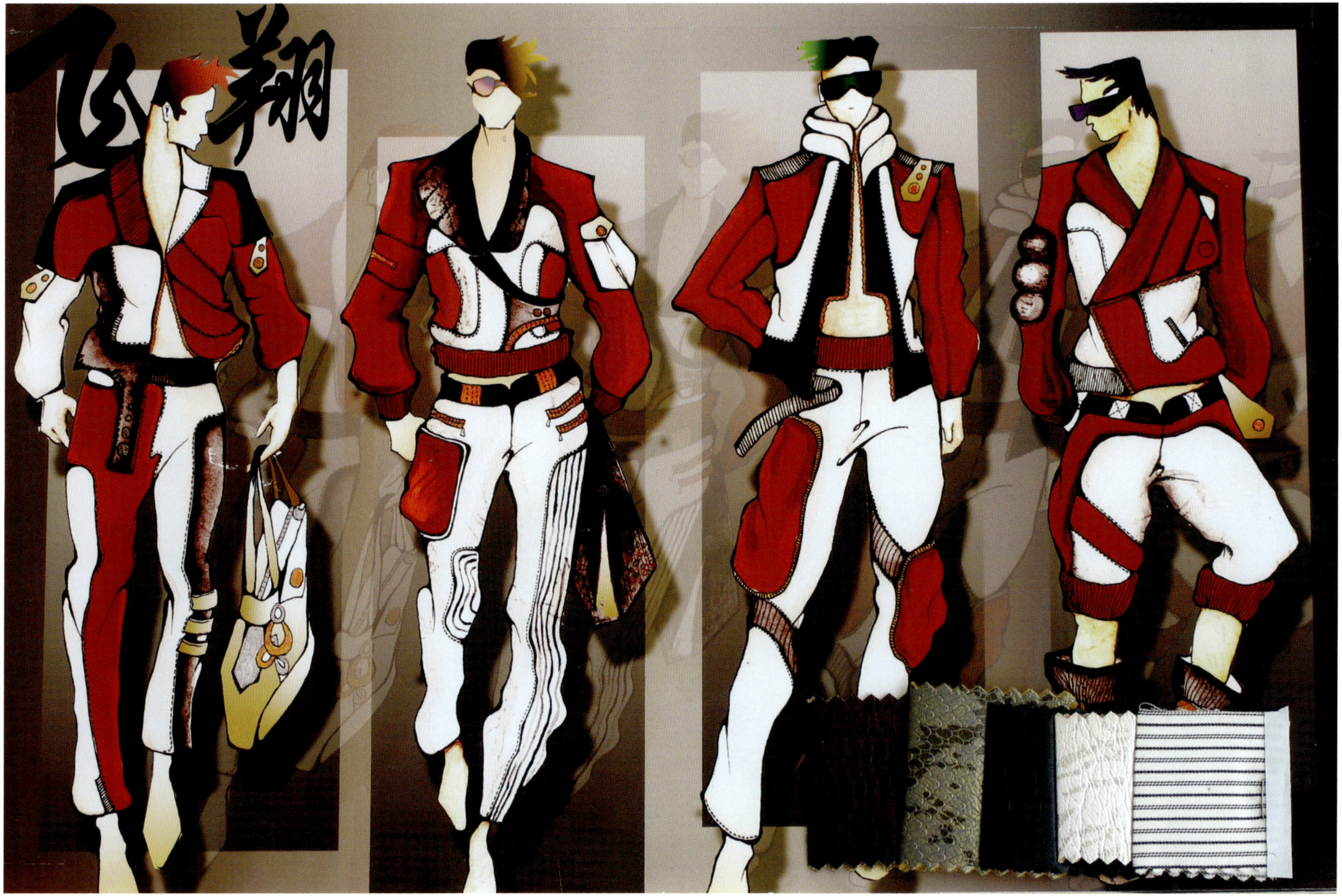

图 098 作品名称：华璞 / 作者：王伊丽 / 颜料与工具：水粉、钢笔 / 技法：勾线、渲染、电脑辅助设计

此作品运用多种手法完成。先在纸上画出服装款式与人物动态，用水粉着色，然后进行电脑处理，加上真人头部与服饰图案，以剪贴的形式放在背景上。作品造型大方，主体特出，是一幅多种技法混用的尝试。

图 099 作品名称：超越 / 作者：盛春林 / 颜料与工具：彩色铅笔、炭笔 / 技法：勾线、素描

这是一幅个性十足的作品。人物造型夸张，款式富于变化，线条随意狂放，有很强的视觉效果与艺术观赏性。

图100 作品名称：Bump/作者：金锦花/颜料与工具：毛笔/技法：勾线、渲染

这是一幅白描作品。作者以自己的特殊视角描画人物动态，单用线条来表现时尚，款式新潮富于变化，是一幅有个性的作品。

图101 作品名称：Fighter / 作者：李玥姣 / 颜料与工具：钢笔 / 技法：勾线、电脑辅助背景处理
本作品仅以钢笔勾线表现，着重突出服装的款式与细节特征。作品采用透视构图，人物形态丰富，线条奔放流畅，细节刻画细致，背景的处理使画面更加丰富。

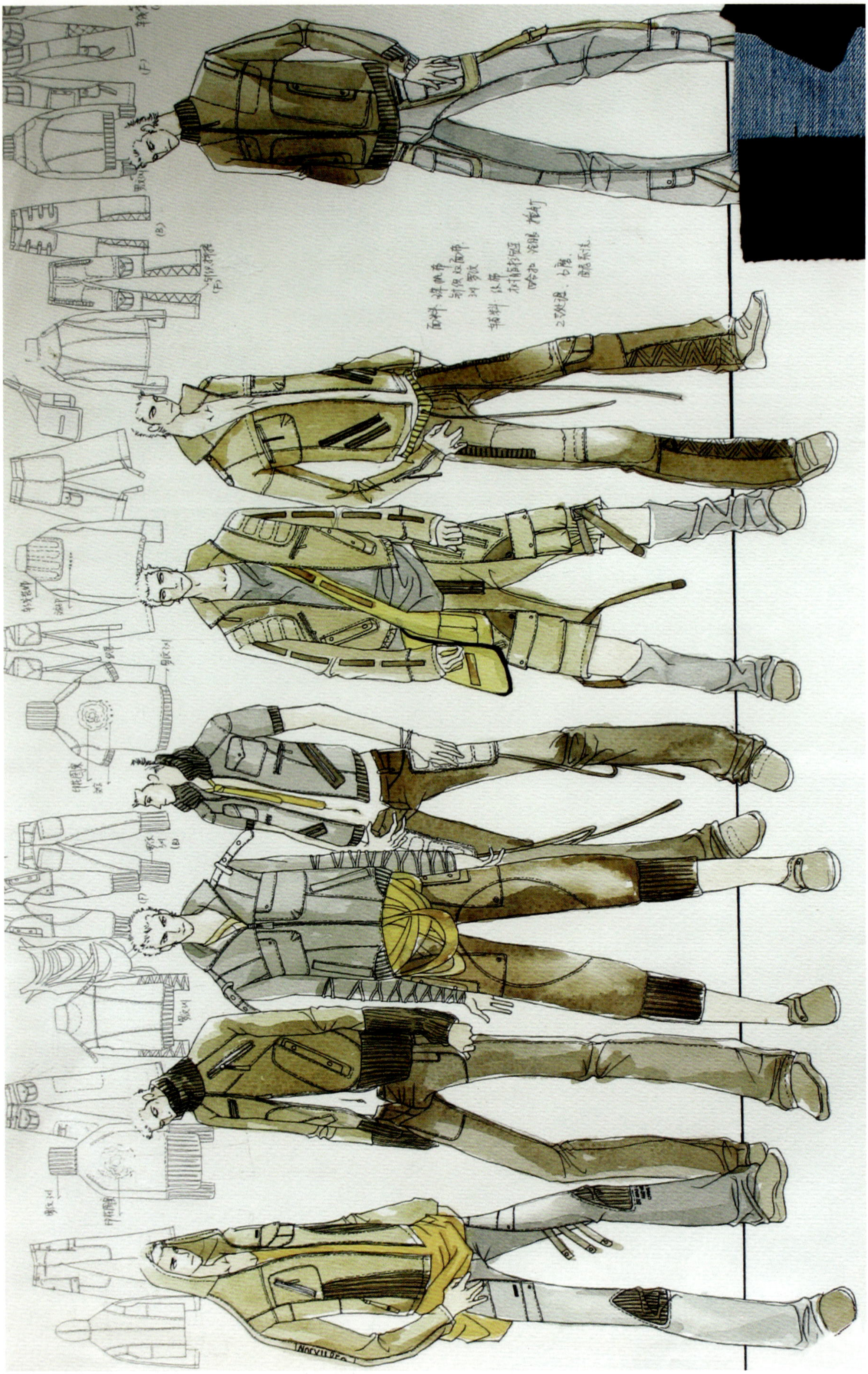

图 102 作品名称：温度 / 作者：何长军 / 颜料与工具：水彩、钢笔 / 技法：钢笔淡彩

本作品以钢笔勾线、水彩着色，人物比例夸张，整幅作品轻松自然，笔墨着重表现在服装的细节上。

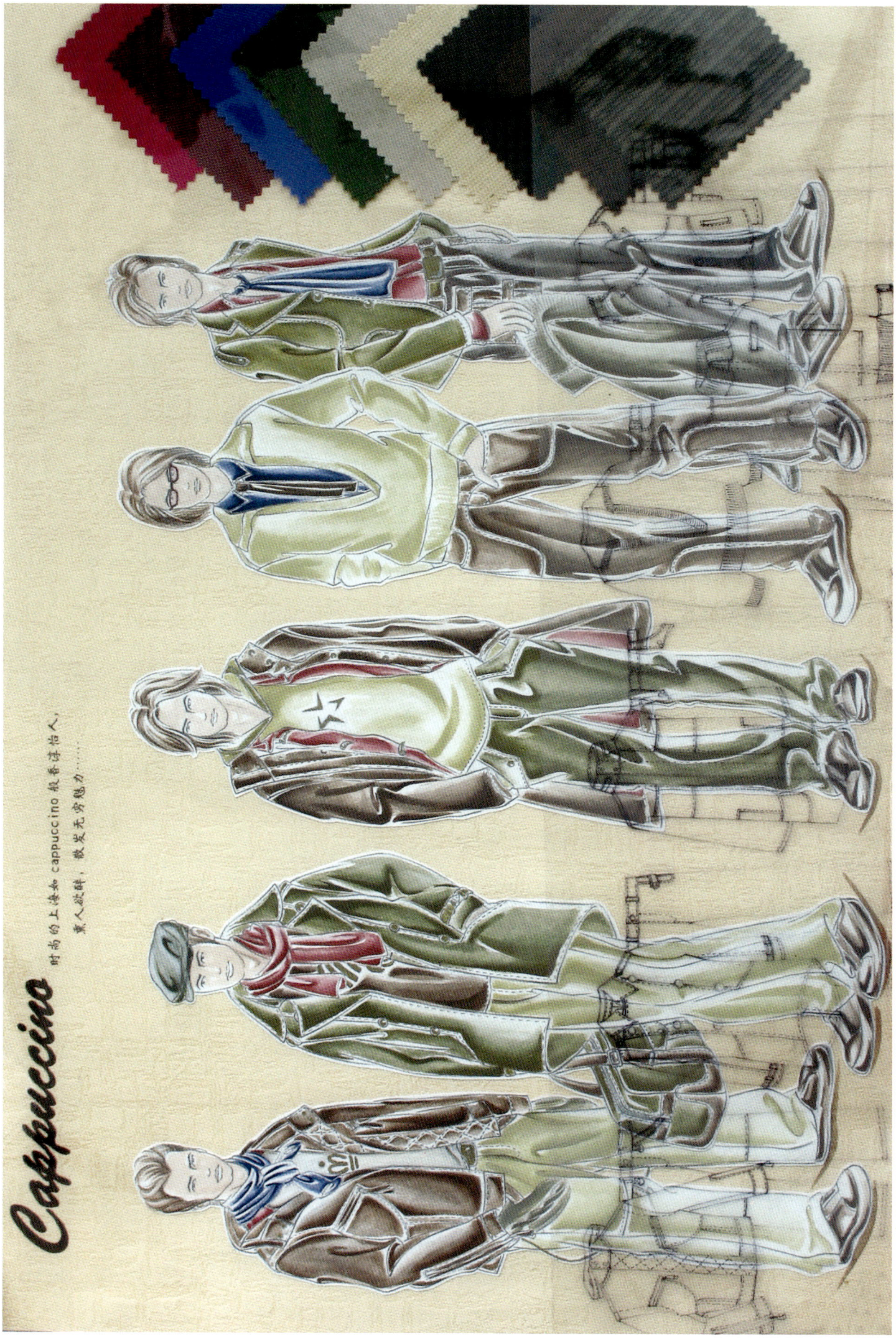
Cappuccino
时尚的上海如cappuccino般香浓怡人，
熏人欲醉，散发无穷魅力……

图103 作品名称：cappuccino/作者：陈晔、许静/颜料与工具：水粉、铅笔/技法：勾线、渲染

本作品中人物动态优雅，相貌清秀。作品独特之处在于着色手段与众不同，采用明暗法渲染，留白衣褶与结构线，使画面有一种特殊的装饰美感。

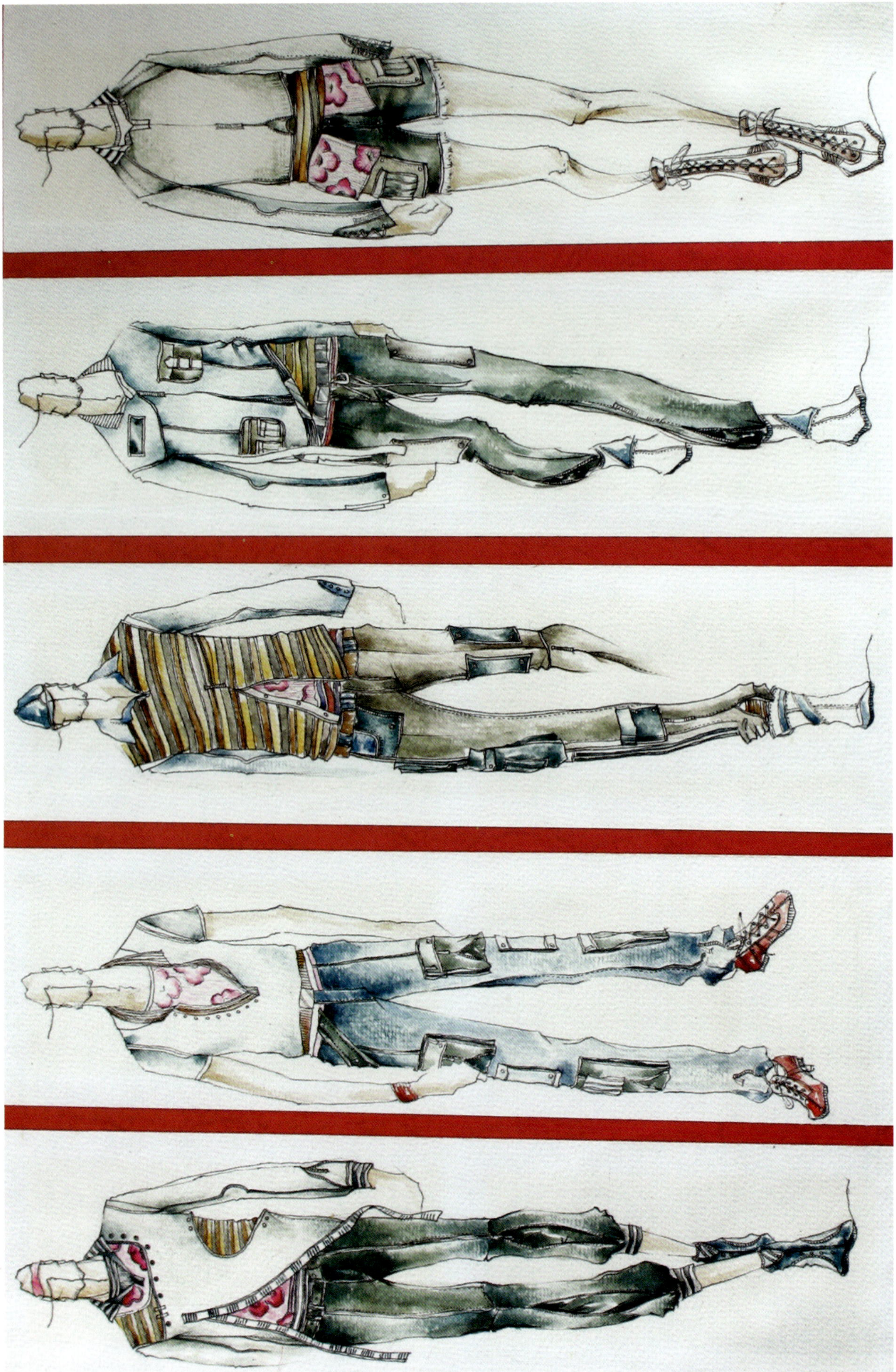

图 104 作品名称：佚名 / 作者：佚名 / 颜料与工具：水彩、钢笔 / 技法：勾线、渲染

作品采用钢笔淡彩色技法，均衡式构图；以钢笔勾线，人物线条简洁洗练；笔墨着重表现在服装上，运用渲染的方法表现服装的细节与层次，整体轻松，详略有致。

图105 作品名称：上海腾飞——舞士／作者：高晓燕、祖秀霞／颜料与工具：水粉、毛笔笔／技法：勾线、渲染
这是一幅写实风格的作品，体现了作者扎实的基本功。人物姿态优美，比例结构准确，面部表情生动，服装层次丰富。技法上采用水粉画传统薄画方法，着色勾线，线条流畅，笔触飘逸，整幅作品干净清秀。

图 106 作品名称：传教士的灵感 / 作者：彭龙 / 颜料与工具：水彩、钢笔 / 技法：勾线、渲染

这是一张挥洒自如、热情奔放的作品。作品款式大胆新奇，线条自然流畅，色彩淋漓酣畅，结构上作者把握一个“松”字，主要的表现力放在笔墨的效果与整体渲染的氛围上。

图 107 作品名称：怒放 / 作者：吴越、王凌 / 颜料与工具：彩色铅笔、钢笔 / 技法：勾线、素描

这是一幅创意感很强的作品，主要运用彩色铅笔完成。人物造型富有形式美感，用直线线条分割来表现有硬朗的块面感结构，款式设计独具匠心，切合主题来表现花样美男；色彩采用黑白无彩色与红色搭配，有一定的艺术性与表现力。

图 108 作品名称：拂晓影像 / 作者：翟翼、刘伟成 / 颜料与工具：钢笔 / 技法：电脑辅助着色与背景处理

此作品用电脑完成。构图完整，主题鲜明，人物造型自然调式和谐，重点突出；服装结构表达清晰，设色干净整洁，整体灰色与鲜色形成对比；但不足之处在于手与脸局部表现稍有欠缺。

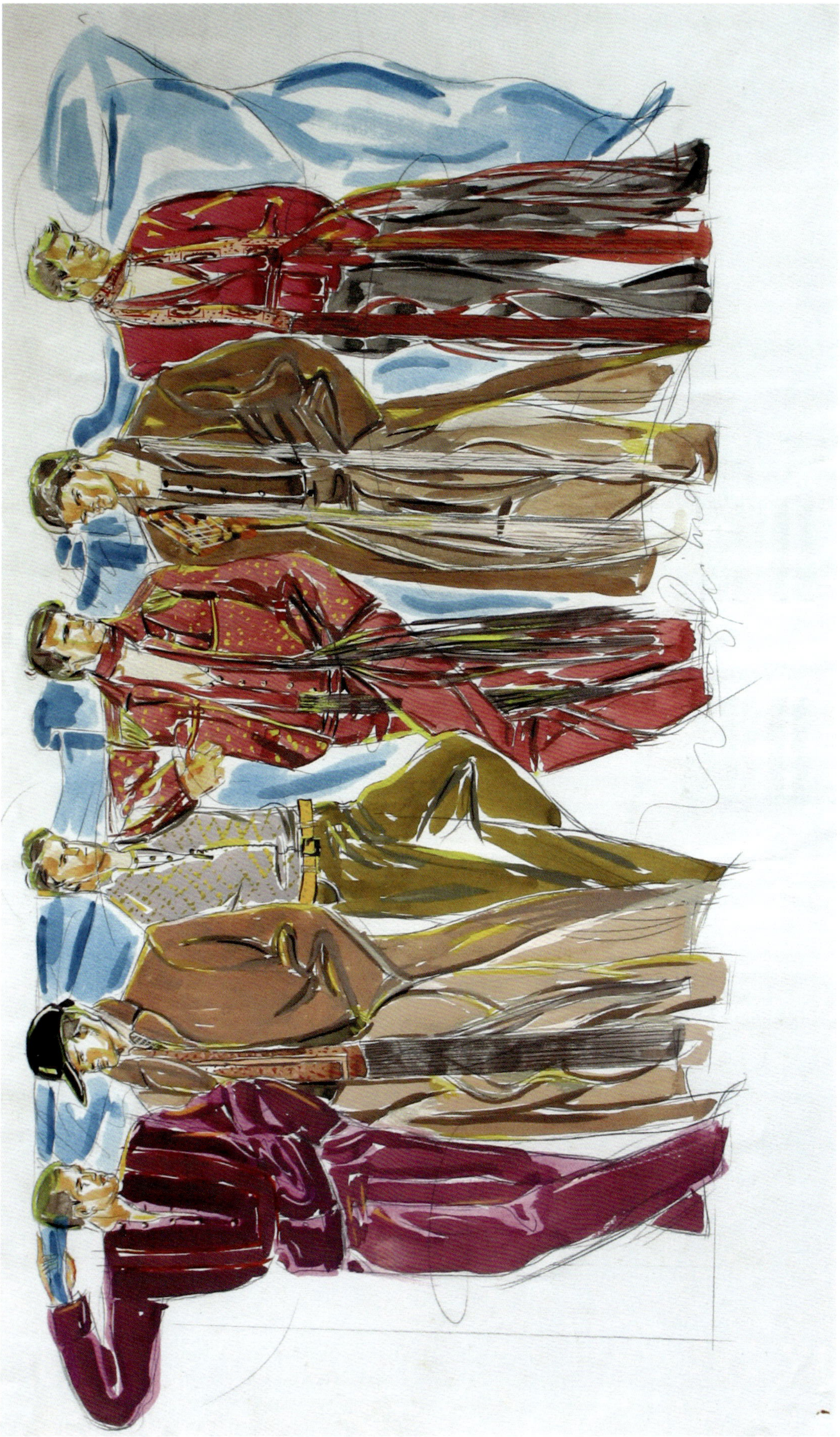

图 109 作品名称：缤纷世界 / 作者：王佩 / 颜料与工具：水粉、钢笔 / 技法：勾线、渲染

作者不拘泥于款式细节而注重气氛的表达，风格上模仿日本服装画大师矢岛功的插画，笔触大胆流畅，线条随意灵动。作为参赛作品，其不足之处是细节表现不到位，有点重形式而轻内容。

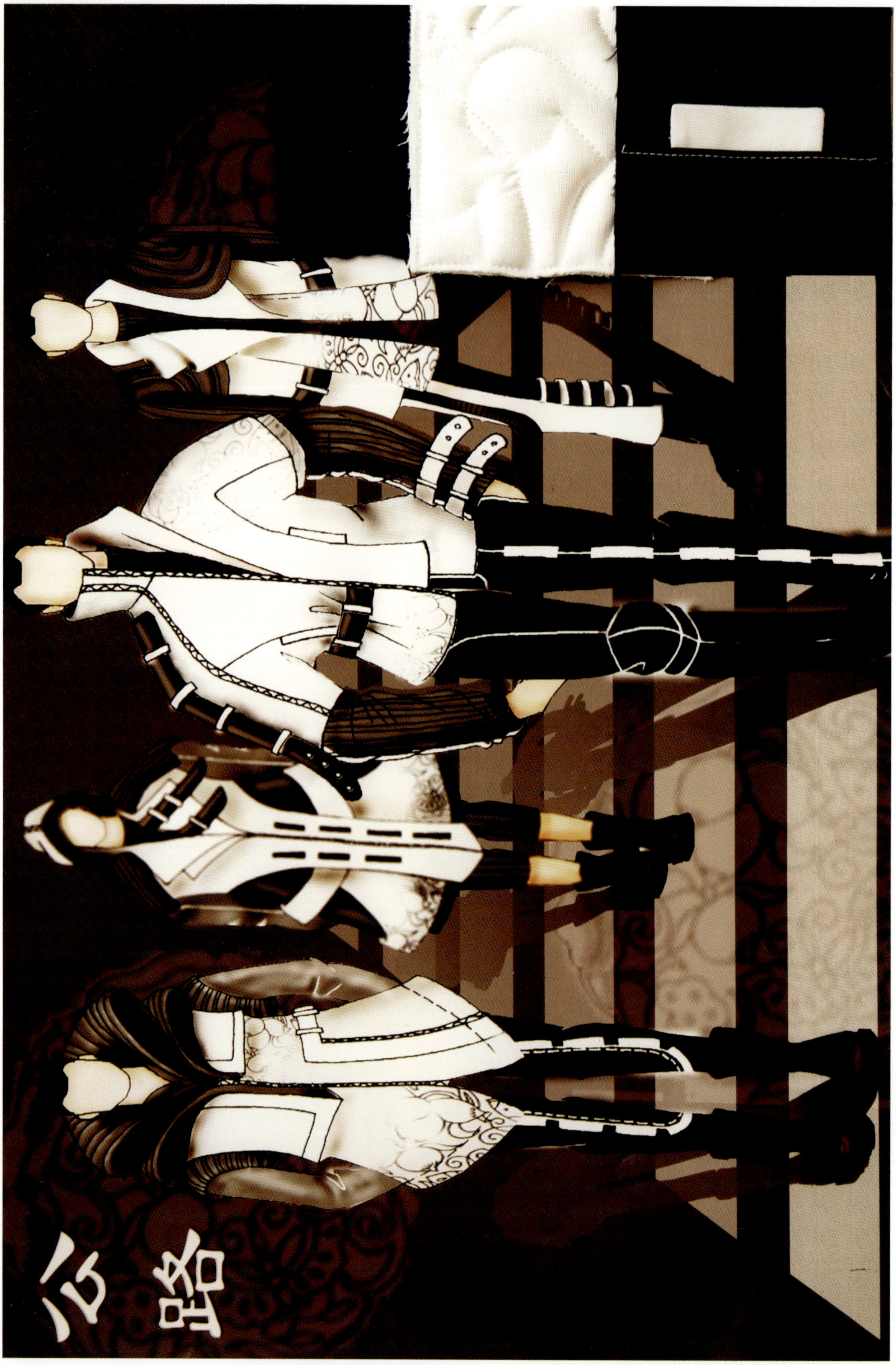

图 110 作品名称：公路 / 作者：马鑫 / 颜料与工具：钢笔 / 技法：勾线、电脑辅助着色

本作品构图完整，层次较分明，主体突出；服装结构表达基本清晰，人物造型较有情趣，但整体效果略显单薄，服装人物的分量可以再增加一些。

图 111 作品名称：轨迹 / 作者：宋刚 / 颜料与工具：水彩、马克笔、钢笔 / 技法：勾线、渲染

本作品以钢笔勾线，色彩轻松透明，款式结构清楚，细节表现丰富，人物造型夸张，情态丰富，画风严谨，手法细腻，是一幅主体突出的作品。

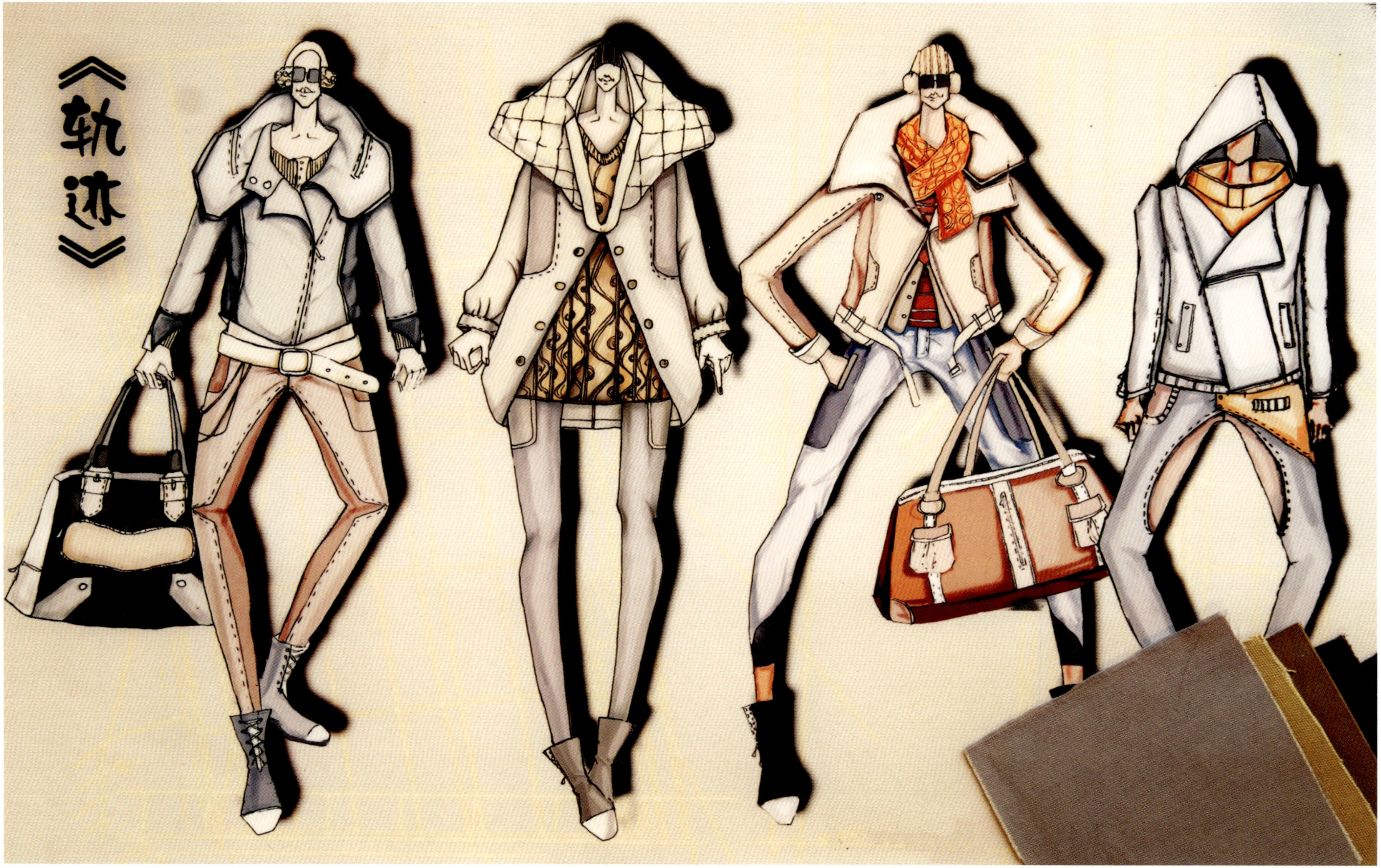

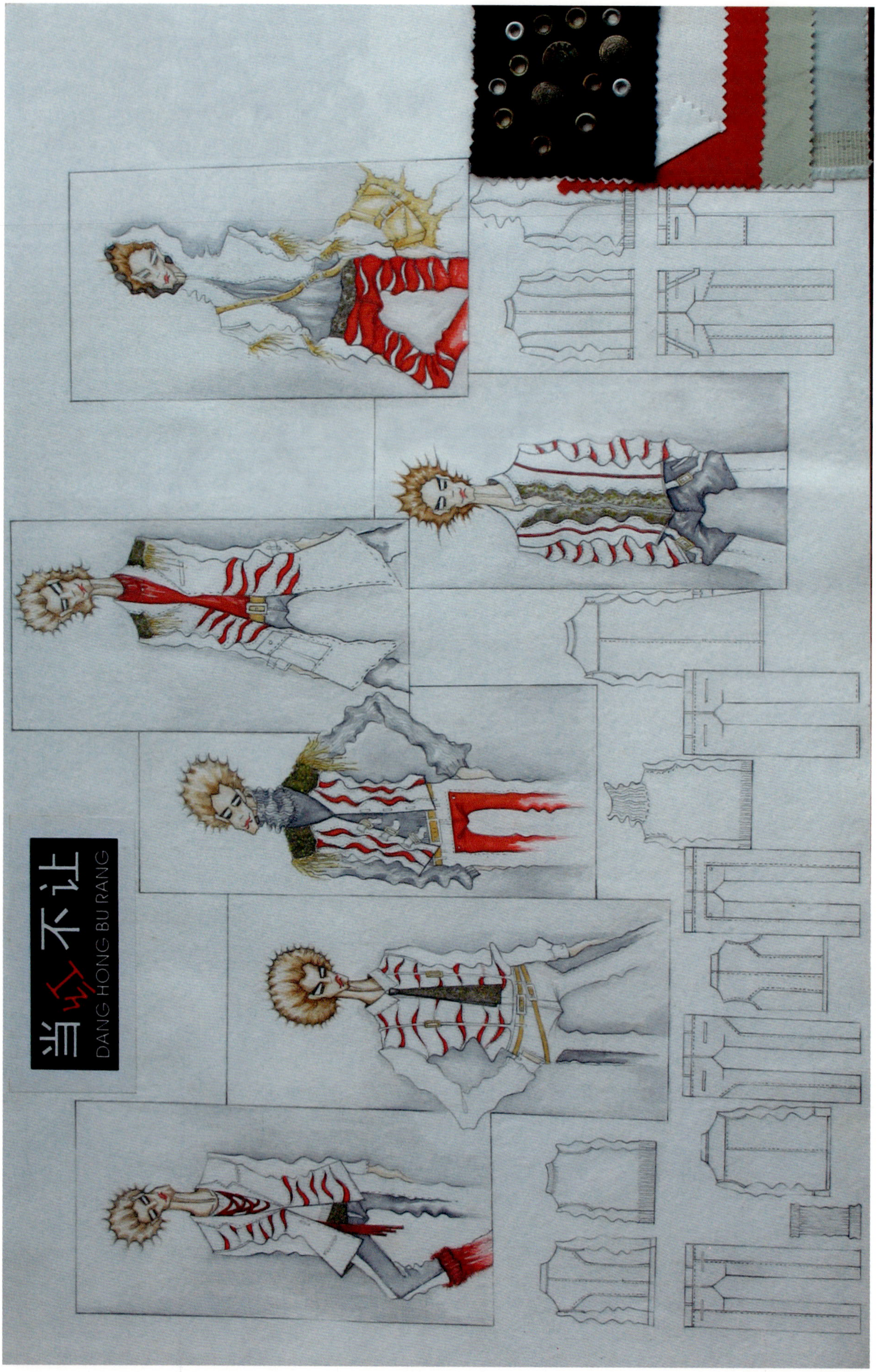

图 112 作品名称：当红不让 / 作者：王德贵 / 颜料与工具：水彩、钢笔 / 技法：勾线、渲染
这是一幅看似很有“力度”的作品。以单幅相互穿插组合构图，人物动态简单，线条遒劲有张力，色彩洗练轻松，背景稍加渲染，便使人物浮现于纸上。

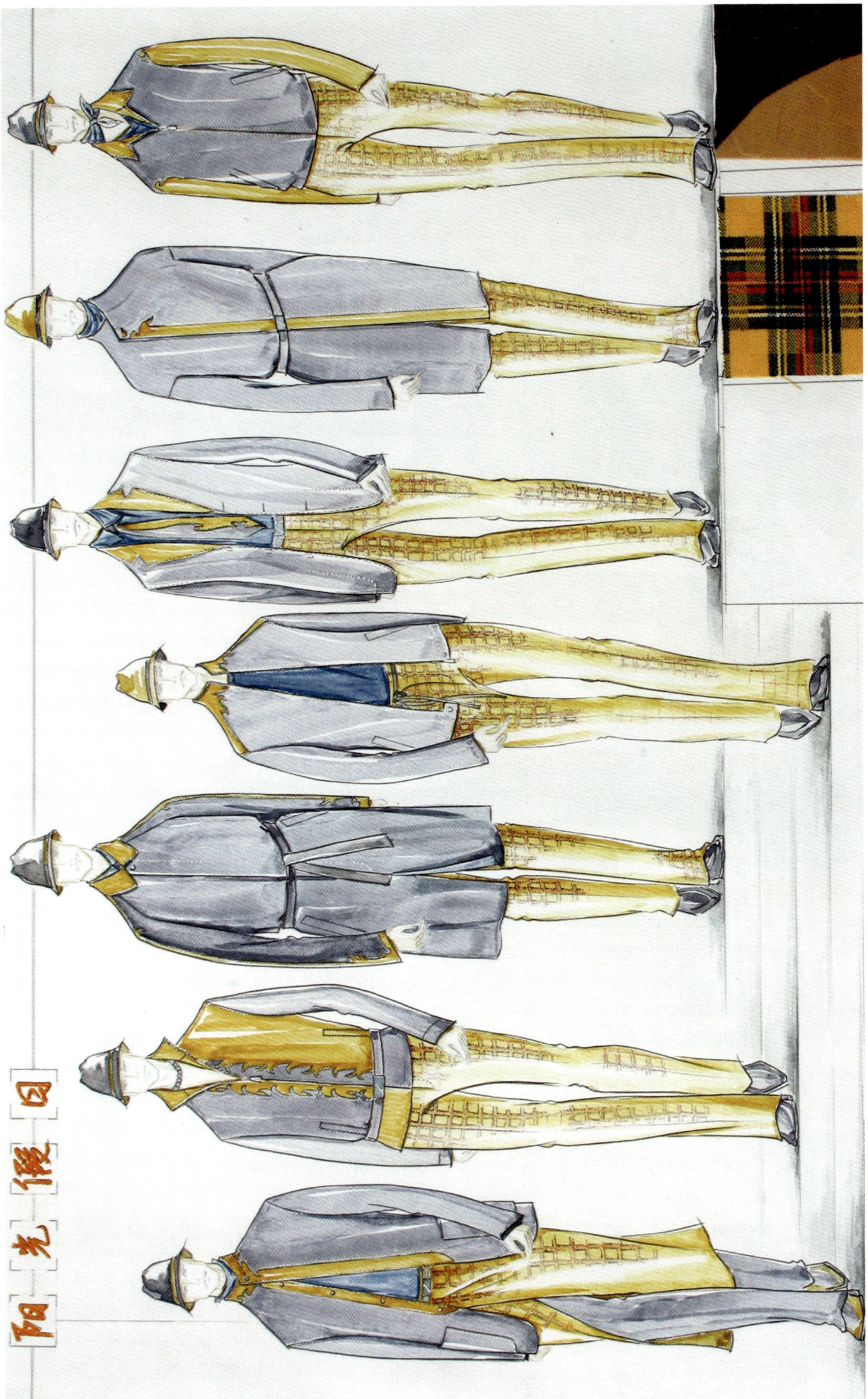

图 113 作品名称：阳光假日 / 作者：谢金来 / 颜料与工具：水彩、毛笔 / 技法：勾线，渲染

本作品以毛笔勾线、水彩着色，人物形态优美，笔触轻松，线条流畅，是一张风格严谨的作品。

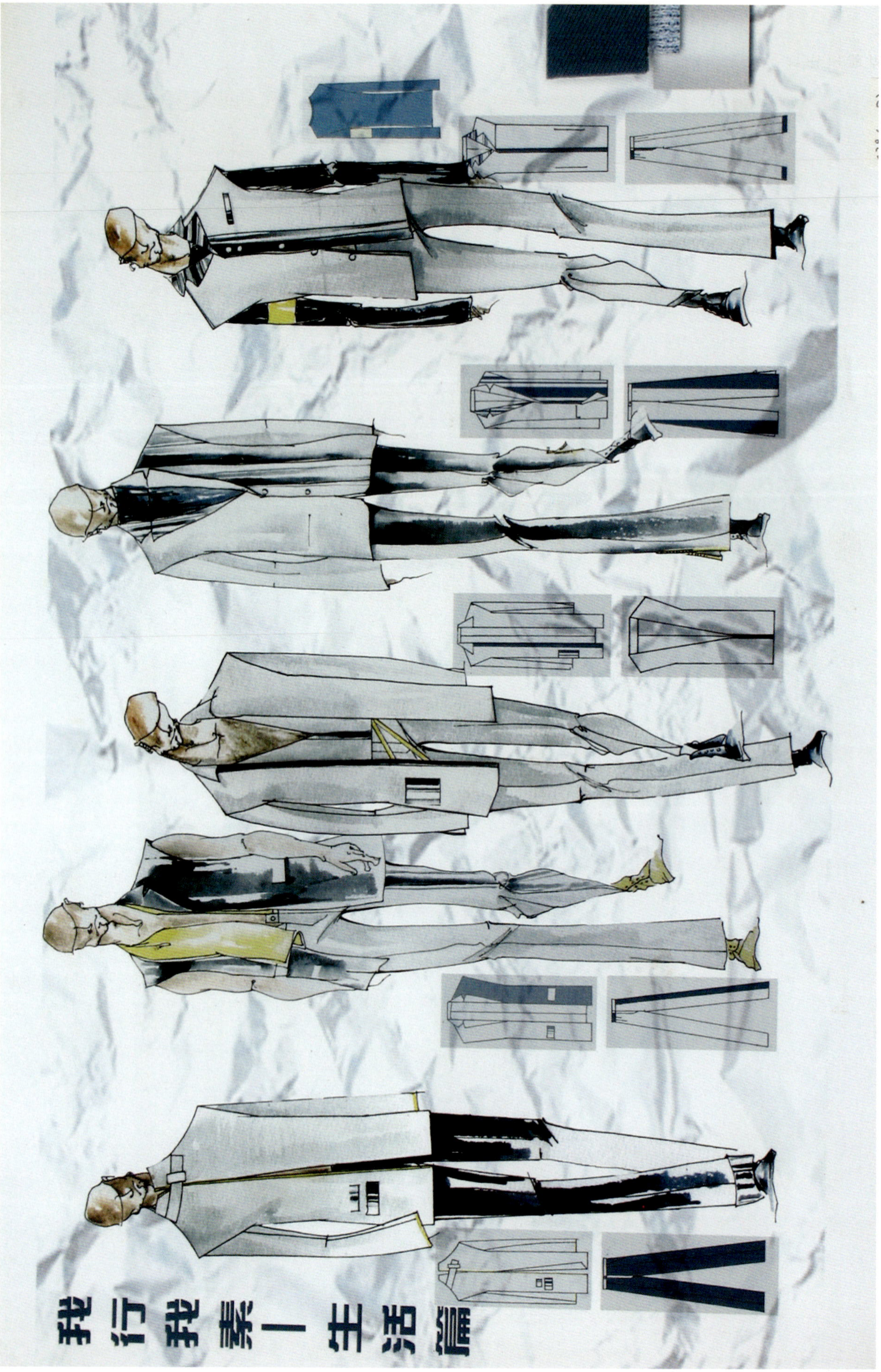

图 114 作品名称：我行我素——生活篇 / 作者：石建平、韩庆 / 颜料与工具：钢笔、水彩 / 技法：勾线、渲染
这是一幅有个性的作品，形式感强，人物造型另类，比例夸张，表情怪诞；款式上作者突出“简”的特点，寻求一些细节变化，配色以灰黑无彩为主，点缀亮黄色，体现特变效果。

图 115　作品名称：自由自在／作者：吴蔼敏／颜料与工具：水彩、毛笔／技法：勾线、渲染

本作品以毛笔勾线，水彩着色；人物形态生动，富有谐趣，别具特色；款式设计简洁，但略显不够丰富。

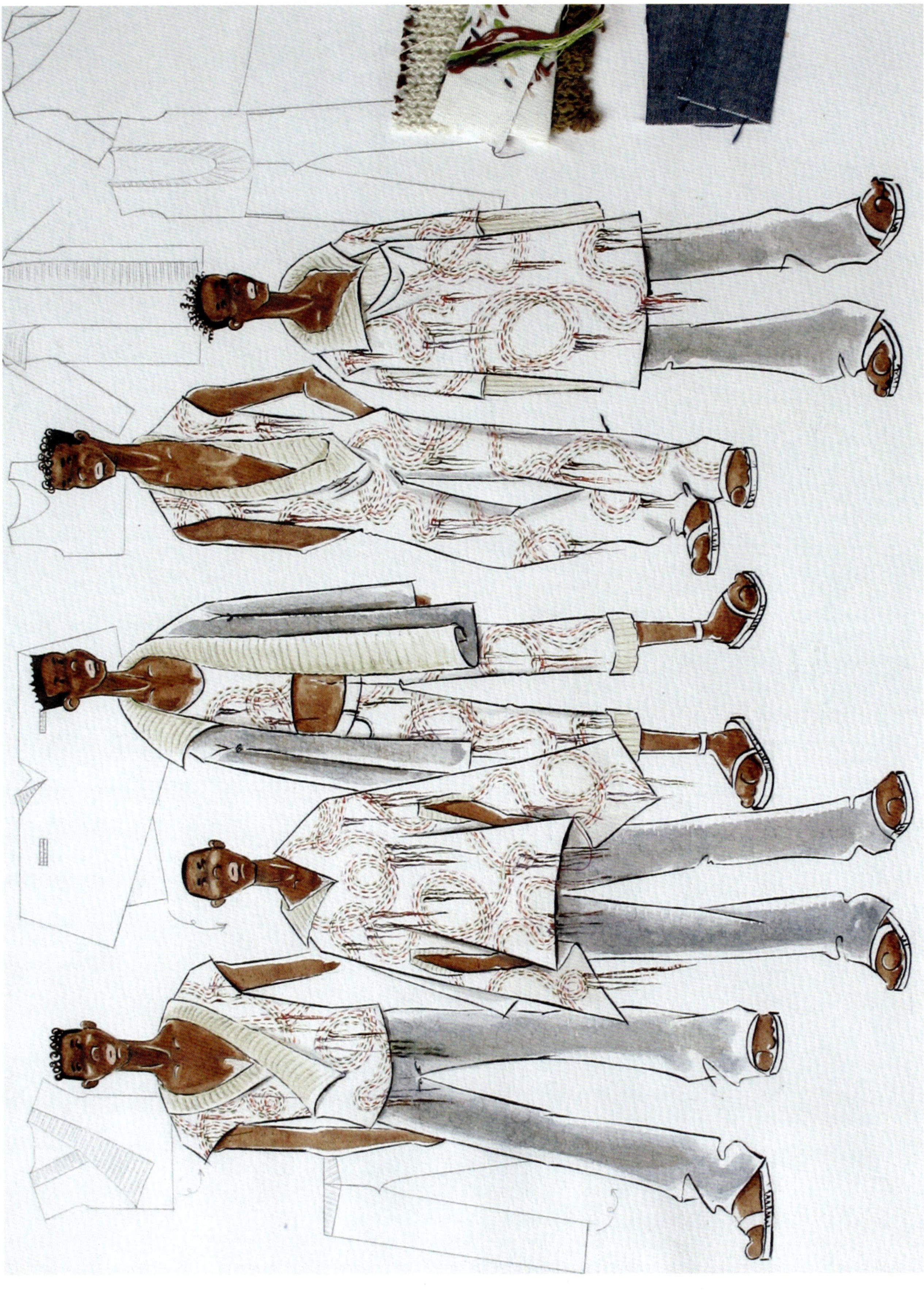

图 116 作品名称：碰撞激情 / 作者：王雄清、唐绍宇 / 颜料与工具：电脑辅助设计

本作品用电脑辅助设计完成，技法娴熟；人物形态生动，系列感强；传统图案装饰于现代服装上，刻画细致，整体协调统一，有独特的个人风格。